科学新悦读文丛

有趣的让人睡不着的

量子论

[日] 佐藤胜彦 编著／孙羽 译

人民邮电出版社

北京

版权声明

内容提要

　　这是一本能让你轻松了解物理学世界的入门书，这是一本有趣的让你睡不着的科普书。与相对论同样重要的是被称为现代物理学另一支柱的量子论。从人类的构造和进化到宇宙的起源，量子论这个物理法则帮我们阐明了各种现象，让我们看到了未知世界的精彩。

　　在本书中，作者使用大量一目了然的表格和插图以及生动有趣的语言，为读者深入浅出地解说了晦涩难懂的量子论的重点知识。本书适合广大对量子力学感兴趣的读者阅读。

前　言

相信购买这本书的读者，一定也习惯使用手机或计算机。近年来，电子技术发展迅猛，电子产品的性能不断提升，价格也变得越来越实惠。电子产品的更新换代，与其中使用的半导体器件技术的发展有着密不可分的关系，而在半导体芯片中起着支配作用的物理法则，正是本书要介绍的量子论。事实上，半导体可以被视为量子论的结晶。

地球围绕太阳进行的公转，火箭、飞机和汽车等大型设备的运动，可以使用牛顿的古典力学来进行计算，并由此推断出结果。但是，在分子、原子、基本粒子等的微观世界中，却无法使用牛顿的古典力学来进行计算。而量子论是一种适用于基本粒子等微观世界的物理学理论。量子论不仅能够在半导体中发挥作用，决定遗传因子和 DNA 构造的同样也是量子论；而在原子反应堆中产生能量的核裂变反应、在太阳中产生能量的核聚变反应等，也同样遵从量子论。

在 20 世纪初期，形成了现代物理学的两大基本支柱——相对论和量子论。根据这两个理论，人类逐步解开了从物质的终极微小构成要素——基本粒子的组合方式，到包括人类在内的生物的构造和进化，以及无尽宇宙的构成等谜团。

此外，现代物理学不仅加深了人类对所居住世界的了解，量子论的实际应用也为我们的日常生活和社会带来了巨大的改变。

不过，对于一般人来说，和相对论相比，量子论显得比较陌生。相对论是天才物理学家爱因斯坦提出的理论，是关于黑洞和宇宙产生等主题的理论，容易获得一般人的关注。而量子论则是由玻尔等众多科学家经过协作、竞争等方式共同创建的理论。理解量子论要比理解相对论更加困难，因此一般人都对其敬而远之。

理解量子论的确具有相当的难度。在本书中，作者将带领大家一起追溯量子论创建的历史，向大家详细地介绍伟大的科学家探索量子论的过程。大家不妨将自己假设成一名研究人员，和科学家共同思考，一起发现量子论的精髓。

大约在1980年，我曾经有机会前往有量子论发源地之称的丹麦首都哥本哈根的玻尔研究所担任客座教授。虽然现在该研究所规模宏大，但是在当时，这个研究所还处于创始阶段。乍一看去，它基本和民宅没有什么区别。年轻的玻尔曾经和家人们一起居住在这座建筑中。当时这里云集了包括玻尔在内的来自世界各地的年轻科学家，他们共同研究量子论。20世纪80年代我能够在海森堡不确定理论诞生的房间中进行研究，这让我不禁感到热血沸腾。

本书将通过图片、表格等方式，简单明了地介绍量子论的内容。针对那些对量子论有兴趣，却苦于专业书籍太过艰深的读者，本书将通过有趣的方式，帮助读者直观地理解量子论。每个章节都会对重点进行标注，希望能够帮助读者在阅读的过程中清晰明了地理解理论内容。

直到今天，量子论还在不断地发展，在量子宇宙理论、量子计算机和量子密码学等方向均有着长足的进展。希望各位读者能够通过本书，体会到量子论世界的趣味性。最后，特别对手稿完成过程中给予作者巨大帮助的奥林普斯公司的中村俊宏先生致以深深的感谢。

东京大学研究生院理学研究科教授

佐藤胜彦

目　录

第六章　面向终极理论 ·····················**163**

序 章

欢迎来到量子论的世界

引　言

大家在电视新闻或报纸上，一定看到过"量子"或"量子论"之类的名词吧？

"这么说的话，好像真的看到过！"

"量子？没听说过！是某人的名字吗？"

"我听过'量子'这个词，好像是跟物理有关吧？"

"好像是与微观世界有关的一种很难理解的理论！"

尽管只能了解到这样的程度，但也没有关系。从现在开始，我就要向大家介绍量子论的知识。**接下来，我们将通过两位与量子论有着深刻关系的科学家的对话，一起去了解有关量子论的大致内容。**

马上要登场的两位主人公，其中一位是构筑量子论的伟大科学家，而另一位则是在全世界家喻户晓的天才科学家。这两位科学家都早已经故去，因此他们之间的对话多半应该是在天国进行的吧！而主持这场谈话的，则是一只小猫。

两位生前曾经针对量子论展开过激烈论战的科学家，再加上一只可爱的小猫，他们之间的对话一定非常有趣，让我们赶快来一听究竟吧！

两位天才科学家和猫的
"量子论特别报道"

◆ 揭开世纪对话的序幕

猫：　我是一只猫，虽然没有自己的名字，但是大家都知道
　　　我，因为我就是传说中的"薛定谔的猫"，我可是一
　　　只世界闻名的猫！

　　　今天为了能够让各位读者了解所谓的"量子论"，
　　　我们邀请了两位特别的嘉宾，他们将对量子论进行充
　　　分的介绍。首先向大家介绍我们的来宾！

　　　第一位是尼尔斯·玻尔博士（以下称玻尔）
　　　（1885—1962 年）。他出生在欧洲的一个小国丹麦，
　　　是 20 世纪最具代表性的物理学家之一。由于提出了
　　　量子论这一杰出功绩，他于 1922 年获得了诺贝尔物
　　　理学奖。

玻尔：你好，我是尼尔斯·玻尔。感谢你的邀请！很高兴有
　　　机会向大家介绍由我提出的量子论。

猫：　接下来，我们要介绍另一位嘉宾，他就是阿尔伯特·爱
　　　因斯坦博士（以下称爱因斯坦）（1879—1955 年）！
　　　他是提出相对论的天才物理学家，相信大家都知道他
　　　的大名！

爱因斯坦：大家好，我是爱因斯坦！玻尔先生，好久不见了！今天我们讨论的主题是"量子论"。从我活着的时候开始，我就没办法接受量子论。虽然和玻尔先生有过多次激烈争论，但是却一直没有一个定论。所以今天我来到这里，希望能够给我们长年的争论画上一个句号。

猫：爱因斯坦一直以反对量子论闻名！接下来我们先请玻尔先生来为读者朋友简单地介绍一下，所谓的量子论到底是个什么东西。

玻尔：好的！所谓"量子论"，简单来讲，就是"微观世界的物质观"。微观世界的物质，和我们一般能够用眼睛观察到的物质有着巨大的差异。它们非常神奇，而且超乎我们的常识。进入 20 世纪以来，人们开始认识到微观世界的真面目，而量子论就是关于微观世界神奇特点的一种理论。

◆ 支撑现代物理学的量子论

猫：原来如此！量子论是关于微观物质的理论！不过，您刚刚所说的微观世界，到底是多么微小的世界呢？

玻尔：微观世界是大概相当于 1 米的 1/10000000 大小的世界。它的大小，要比构造成物质的原子还要小很多。

微观世界是一个量子论非常活跃的世界。而比它更大的世界，我们称之为宏观世界。宏观世界也就是我们的常识中的物质观可以通用的世界。

猫： 明白了！话说回来，量子论和相对论几乎产生于同一时期吧？

爱因斯坦：说的没错！我在 1905 年到 1910 年间完成了相对论的理论；而玻尔和他的弟子们完成量子论的时间，在 1910 年至 1920 年，时间上有一定的重合！

玻尔：**支撑现代物理学的两个支柱理论正是相对论和量子论**。这两个理论几乎是在 20 世纪的同一时期创立的。历史还真是非常奇妙！

爱因斯坦：我可并不认可量子论。把量子论和我的相对论相提并论，可并不是我想看到的！

猫： 这个嘛！爱因斯坦先生，不要这么生气！这么说虽然有些失礼，不过，量子论和玻尔先生的名字，对于世界上的大多数人来说，并没有那么有名气啊！

玻尔：可能是因为爱因斯坦和他的相对论太过有名了吧！当然，这也是因为爱因斯坦先生的确非常伟大！不过，也许一般的民众并不了解，但是量子论的确充斥在我们生活的方方面面。例如**计算机**等被我们称为"**高科技**"的众多产品，全都可以看作量子论的产物。因为

5

构成这些产品核心部位的半导体器件的原理，正是量子论的应用成果。

20 世纪最具代表性的两位科学家

玻尔　　　　　　　　　爱因斯坦

薛定谔的猫

猫：　可不可以这么说，从实用性的角度来看，量子论要比相对论更胜一筹呢？

爱因斯坦：但是我提出的相对论，无论是在以光速运动的情况，还是重力异常大的情况，所产生的现象全都囊括其中，因此发挥着非常重要的作用，对于在地球上生存的人类来说，起着非常巨大的作用！

猫：　爱因斯坦先生，请千万不要激动！理论的实践性和重要性完全是两码事嘛！事实上，相对论除了应用在地球上之外，在宇宙观测、发射火箭等场合下也是必不

可少的重要理论，也就是说，相对论是将人类从地球
的束缚中解脱出来的伟大理论！

　　不过另一方面，我们也想请玻尔先生针对量子论
的内容，尤其是微观物质所具有的"神奇的特性"进
行一下具体的说明。

◆ 量子论将微观物质看作波

玻尔：好的。量子论针对微观物质所具有的惊人特性，进行
　　　了很多清晰的说明，其中最重要的一点，就是**微观物**
　　　质具有波的特性。大家是否认为，微观的物质，例如
　　　电子，都是以颗粒的状态存在的呢？在量子论提出之
　　　前，物理学家也一直认为电子是一种极其微小的粒
　　　子。但是，在量子论中，却将微观物质看作"波"。
　　　而事实上，像电子这样的微观物质，既是粒子也是波，
　　　它们同时具有相互矛盾的双重性质。

猫：　说到波，大家会想到海面的波浪，您说的是这种波吗？

玻尔：我所说的波和水波有着本质上的差异。水波是无数水
　　　分子构成的集合，整体以波的形式进行运动；而电子
　　　则是每一个个体都具有波的性质。

猫：　也就是说，一个电子就能呈波浪形状运动吗？

爱因斯坦：不对！那只是作为粒子的电子连续不断进行的运

动而已。**单一的电子是波，具有波所具有的性质。**

猫： 咦？爱因斯坦先生很积极地在为我们进行说明！您不是说很讨厌量子论吗？

爱因斯坦：我只是反对将电子看作波。事实上，最初提出电子是波的人，是路易·德布罗意，对他的观点我是很赞成的。另外，将电子看作波，并且提出电子运动方式方程式的薛定谔的观点，我也是很赞成的。

猫： 是这样啊！但是，我是无论如何也无法想象，到底"一个电子是波"是怎么一回事。所谓的"波"是一种现象，而并非一个物体。可是电子作为一种物质，又怎么会是波呢？

玻尔：没错！波并不是一种物质。例如声音发出的声波并不是一种在空间中振荡的物质，而是由于空气密度的差异而传导的一种现象。但是，电子的波却和这种波截然不同。我知道大家想象起来一定非常困难。这是因为电子的波和我们日常生活中的波完全不同。请大家把这种波想象为电子！

◆ **无法看到作为波的电子**

猫： 嗯，微观世界的物质真是奇怪！那么，我们能用显微镜观察到这种波吗？

玻尔：不行！不管我们用性能多高的显微镜，也无法观察到
　　　微观物质的波。**如果我们想要观察作为波的电子，电
　　　子的波就会消失。**

猫：　什么意思？难道电子的波羞于见人吗？爱因斯坦先
　　　生，这到底是怎么一回事？

爱因斯坦：听我说，你们刚才所说的内容，我可是一点儿都
　　　　　不认同！所以这个问题你还是问玻尔先生吧！

玻尔：如果我们将电子看作波，就会产生各种传统的物理学
　　　很难解释的问题。不过，作为我本人，也没有亲眼见
　　　过以波的状态呈现的电子。如果我们想要观察电子，
　　　电子一定会以极小的粒子状态出现。对于这个现象，

我们可以这样认为，一旦我们进行观察，波就会消失不见。

猫： 听起来好像是在诡辩啊！

玻尔：这种观点的确会给人这样的感觉。不过事实上，的确没有任何一个人亲眼见过电子的波。既不能亲眼见到，又不能通过实验进行观测的话，对它进行研究就是无意义的行为。但是，如果使用薛定谔提出的方程式，就可以对关于电子的所有实验结果进行精确的预测，而且在应用到实际中的时候也没有任何问题。最终我们可以这样认为：电子的波只在不对其进行观测的时候才会出现，对我们而言可以视同不存在。

爱因斯坦：不对！我反对！我从过去到现在一直反复强调，不管我们看得见还是看不见，一个物质是否存在，是由其"存在"本身决定的。电子的波是绝对存在的！怎么能当它不存在呢？当我们观察的时候波就会消失？这个观点也太强词夺理了！

◆ 大自然的真面目超乎常识？

猫： 哎呀，到底谁说的是正确的啊？真是搞不懂！不过从我个人的角度出发，我更赞成爱因斯坦先生的观点！

爱因斯坦：没错！你还真是一只可爱的小猫！果然不愧是和

我一样反对量子论的薛定谔的猫！

玻尔：量子论的微观世界物质观，用我们的常识来解释的确有些难以接受。例如，**非观测时间的电子既在这里又在那里，物质常常具有含糊的位置和速度，未来严格来讲并非只有一种，而是像掷色子一样存在一定的概率，**等等。相信谁看到这样的观点都会侧目，开始的时候甚至连这些观点的意思都搞不明白。但是，**这些却正是由于有了量子论才被揭开的大自然的真面目！**我们人类的常识和直观感觉经常会出错。无论是常识还是直观感觉，只能用来推测事实本身。有些理论虽然让人难以接受，但事实却正是如此！

爱因斯坦：不对不对！自然是井然有序地存在着的，是由精妙、确实的东西决定的。难道人类在发现真理的时候，会像掷色子玩游戏那样随心所欲吗？

猫：　　但是，到现在为止，却没有任何一个现象或实验结果，能够完全否定量子论！

爱因斯坦：我并非想要全盘否定量子论。事实上，量子论的确在某种程度上正确地表现出了自然现象。但是，量子论确实是不完整的，并不能成为最终的理论。我们不能任何事情都用模棱两可的态度去解决。我们要做的是继续去探索隐藏在大自然中的真理，将一切尽量明确化。这是我所坚信的观点！

玻尔：我认为，我在量子论中描绘的不确定的自然，事实上才是大自然的终极面貌。在这一点上，我的观点和爱因斯坦先生无法达成一致！

◆ 既生又死的猫?

猫：　但是从结果上来看，现在的大部分科学家都认可了玻尔先生提出的微观物质具有常识之外性质的论点。

爱因斯坦：很遗憾，这就是现状！但是，事情还不仅仅停留在微观物质层面！我想问问你，你怎么看待薛定谔的猫的存在意义呢？

猫：　薛定谔算是我的生身之父了！依照他的观点，**我既是活着的又是死了的**。在量子论中，微观世界的物质既在这里又在那里，因此，我也是由微观的物质组合而成的，所以我也是活着的同时也是死了的，真是一个奇怪的理论！那我到底是活着的还是死了的呢？

玻尔：你的生死问题，在量子论中也是著名的难题之一。说实在的，很难简单明了地解释清楚。大致来讲，在量子论中，比原子体积更小的微小物质具有不可思议的性质，而对比它们大的物质来说，则不适用量子论。依我的建议，我们只考虑常识范围之内的东西就可以了。

爱因斯坦：可是，像我们人类这样巨大的物质，说到底也是由微小的物质集合在一起组成的。因此给宏观世界和微观世界画一条分界线，不是很奇怪吗？

一半是生、一半是死的猫？

猫：　　事实上，一些量子论中认为只在微观世界才会产生的现象，最近也同样出现在了体积大得多的物质上。

玻尔：不知道大家是否听说过超流动性（superfluidity）、超导电性（superconductivity）之类的不可思议的现象。本来这类现象是基于量子论的物质形态而产生的，但用我们的双眼竟也能亲眼看到。

◆ 向量子论的"仙境"进军！

猫：　　我很理解爱因斯坦先生的不满，不过还是让我们首先一起进入量子论的"仙境"吧！针对这一点，玻尔先生有什么建议想要告诉我们的读者呢？

玻尔：量子的世界是与我们的常识完全不同的一个不可思议的世界。**除了超乎常识之外，我希望读者能够理解，为什么量子的世界会遵循如此奇妙的规则。**如果只是因为量子论很神奇就让大家相信的话，那它岂不是和超自然现象没有两样了？在进行说明的时候，多少会出现一些比较牵强的部分，但是我会在尽可能的范围之内，努力用大家可以理解的方式进行说明。**在创建量子论的过程中，我经历了反复的摸索和失败的过程，也体验了持续的惊奇和兴奋，我希望大家也能和我有同样的体会。**

爱因斯坦：这个嘛，大家也不要觉得太困难。有关量子论的学说，大部分人都是反复听了之后，还是会不明白！

玻尔：没错，量子论的确有这样的问题。有一位深入了解量子论的物理学家理查德·菲利普·费曼曾经用很幽默的方式说过这样的话：**"能够应用量子论的人不在少数，但是真正理解量子论的人却一个都没有！"**因此，即便大家觉得有些难度也不要过于纠结，希望能够带着愉快的心情阅读下去。只要大家能够轻松地体会到量子论世界的乐趣所在，就已经非常足够了！

猫：　　听了您的话，我放心多了！最后还有一个问题，除了
　　　　量子论之外，我们还经常听到**"量子力学"**这个词。
　　　　它们之间有什么区别吗？

玻尔：量子论的研究对象是从微观世界开始的自然界全体，
　　　　是一种思考方式和思想；而量子力学则是基于量子论
　　　　来阐述物理现象的数学方法。本书将要介绍的是量子
　　　　论，因此即便读者在上学时的物理或数学成绩不太好，
　　　　也能够理解相应的内容。

猫：　　原来如此！我全都明白了！那么，大家是不是已经做
　　　　好了准备，想要和我们一起进入量子论的"仙境"了
　　　　呢？让我们一起步入奇妙而又充满乐趣的不可思议的
　　　　真理的世界吧！

第一章

量子的诞生
量子论的前夜

引 言

从现在开始，我们要亲眼见证一下序章中猫所说的量子论的"仙境"究竟是什么样子！在第一章中，我们首先来介绍一下有关量子诞生的故事。

1900 年 12 月，也就是 19 世纪最后一年的最后一个月，传来了量子诞生的声音。但是，包括量子的发现者在内，谁也没有想到，量子会成为未来 100 多年时间里，引领 20 世纪科学的主要角色。

第一章的重点为以下 3 点，请大家记在心中。

① 量子到底是什么？

② 截至 19 世纪，人们认为光是一种什么样的物质？

③ 为什么在光电性质的研究中产生了量子？

介绍有关量子论的内容，一定会伴随各种各样有关物理的故事。因此，也许大家会认为某些部分具有一定的难度。遇到这类情况，大家不必过分思考，而是继续读下去。在本章结尾部分，我们会进行小结，帮助大家温习本章的重点内容。

围绕光的真面目展开的历史

◆ 什么是最初的量子?

通过阅读序章部分，我想大家对量子论都有了简单的认识和大致的印象。从第一章开始，我们将一边介绍量子论产生的历史，一边详细地介绍量子论的具体内容。

首先，我们要一起来看看，量子论中的"量子"这个在我们的日常生活中不经常使用的词的含义。量子的英文是quantum，表示极小的集群、单位。那么，究竟是什么物质集合在了一起呢？这里的"量"指的是极其微小的聚集物。例如，微观物质所具有的能量的量（多少），我们称为"能量量子"，正是这些能量量子聚集在一起形成集群。

看了以上的说明，大家心中可能还是会打上问号。在第一章中我们会针对量子进行详细的说明，在这里不能立刻理解也没有关系。

量子论产生的整个过程大概可以分成3个时期，具体的划分如下。

① 1900 年，"量子"第一次在物理学中出现。

② 1910 年，阐述了原子中的电子，针对电子使用"量子"一词。

③ 1920 年，在针对电子使用"量子"一词时，提出"电

子是波"的说法，得出了表示作为波的电子运动和能量的方程式。

在序章中曾经提到过量子论阐明了微观物质具有波的性质。发现量子这一极其微小的物质，以及发现微观物质具有波的性质的复杂过程，经历了从①到③的整个历史时期。

第一章中，我们将介绍这 3 个时期中的第一个时期。在接下来的第二章和第三章中，将陆续介绍第二和第三个时期。回顾量子论产生的历史，有助于我们更加直接地了解有关量子论的内容。

◆ 从光的研究中产生的量子

量子诞生于 1900 年。1900 年 12 月，德国物理学家马克斯·普朗克（Max Planck，1858—1947 年）在柏林物理学会的圣诞晚会上发表了他的"能量量子假说"理论。

该理论是在研究物质加热的过程中，物质的温度与物质所释放出的光的颜色之间的关系时产生的理论。普朗克第一次打破人们对光所具有的能量所持有的常识，首次提出了量子这种物质的存在。也就是说，量子论是从光的研究中产生的结果。

19 世纪的最后一年诞生了量子

1900 年 12 月
量子诞生

量子

能量量子假说

普朗克

　　量子论明确地阐述了物质是波，具有粒子和波的性质。事实上，围绕着产生量子论的光，其本质究竟是粒子还是波，科学家已经反复争论了几个世纪。下面介绍一下有关光的本质的研究历史，以及有关光的性质的基础知识。这些内容有助于大家更好地理解能量量子假说出现的历史背景。

◆ 光的本质究竟是粒子还是波?

　　有关光的科学研究，最早始于 17 世纪。当时，奠定近代科学基础的英国天才科学家艾萨克·牛顿（Isaac Newton，1643—1727 年）在发现了运动的基本法则和万有引力之后，开始了对光的研究。他通过太阳光和棱镜，发现了人们认为没有颜色的光，事实上具有彩虹一样的 7 种颜色。

因此，牛顿认为，光是由各种颜色的微小颗粒聚集在一起组成的。

认为光的本质是微小粒子的理论称为"**光的粒子说**"。当物体被光照射的时候，背面会出现阴影，这一现象也可以说明光是粒子。如果光的本质是波，由于波具有衍射的特性，能够绕过障碍物传播到障碍物的背面，所以不会形成阴影，或者形成的影子的轮廓将会模糊不清。这就好比大家都知道的一个现象，如果在水面插一根木棍，然后对着木棍的方向掀起水波，那么水波会绕到木棍的后侧，却不会形成完全没有波的影子。

与此相对，认为光的本质是波的理论称为"**光的波动说**"。创立这一理论的，是与牛顿几乎生活在同一时代的荷兰物理学家克里斯蒂安·惠更斯（Christiaan Huygens，1629—1695 年）。他认为，当两束光线交汇的时候，光会互相通过并继续传播。这样的性质可以证明光在本质上是波。如果光是粒子的话，在交汇后，粒子的行进方向就会发生改变。同样用水波来举例，当两股水波交汇之后，两股水波的确会仍然沿着原有的方向行进。

但是，当物体被光照射的时候产生影子的现象，在波动说中又应该如何解释呢？针对这个问题，波动说的回答是，当波的一段长度（波长）小于障碍物的大小时，波几乎不会

发生衍射，而是直接被物体遮挡住。波动说认为，光是一种
波长很短的波，因此光基本上不会在物体上发生衍射现象，
这样才会形成阴影。通过类似的实验可以证明这个观点，例
如当水波遇到船只等大型障碍物的时候，水波就不会绕到船
只的背后，也就不会形成影子。

17世纪以来，自从关于光的本质究竟是粒子还是波的争
论一开始产生，持不同观点的双方便互不让步，争论一直持
续不断。

◆ 波的波长、振幅和振动频率

前面出现了光的"波长"这一名词。下面我们介绍一下
波的基本性质以及和波相关的专业术语。

波是物质的振动向周围传播的现象。我们日常见到的波，
有水波和声音的波（声波）等。

波具有波长、振幅和振动频率等要素。波的高处称为波
峰、低处称为波谷。波峰和波谷交替出现，将波峰和波峰、
波谷和波谷的顶点相连接的线段长度，称为**波长**。

而波的振幅，则指的是波峰的高度或波谷的深度。波具
有一个特征，即**振幅越大的波，具有的能量也就越大**。让我
们联想一下海面的波浪，振幅大的波相当于巨浪，它们具有
能够倾覆船只的巨大能量。明白振幅和波的能量之间的关系，

对了解后面的内容非常关键，请大家牢记于心。

最后一个要素是**频率**。它表示波在一秒中振动几次或波峰和波谷重复变化几次的数值。宽大的波是振动频率较小的波，而细小的波则是振动频率较大的波。频率又可以称为振动次数。

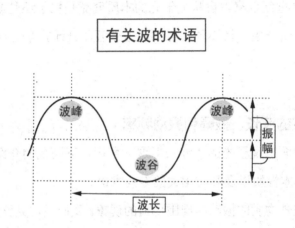

有关波的术语

波的波长和频率在数字上成反比例关系。也就是说，波长越长的波振动频率越小，波长越短的波振动频率越大。这也是波的一个重要特征，请大家牢记。

◆ **光是波存在的决定性证据**

现在我们回到光的粒子说和波动说的争论上来。当时，凭借着伟大的科学家牛顿的威望，光的粒子说更加有说服力。

但是到了 19 世纪初期，英国的物理学家托马斯·杨（Thomas Young，1773—1829 年）发现了**光的干涉现象**，光的波动说从此转而占了上风。这一发现表明，**干涉现象是波特有的现象**。

波的干涉指的是当两个波的波峰和波峰或波谷和波谷相互重叠的时候，波的振幅会发生重叠，波峰的高度和波谷的深度会增加。相反，当波峰和波谷重叠的时候，波的振幅会相互抵消，波随即会消失的现象。托马斯·杨通过杨氏双缝实验，证明了波的干涉现象。

该实验的步骤如下：在光源和投影板之间，放置一块开有两条细长开口（狭缝）的纸板，然后观察光如何投射在投影板上；在投影板上，我们会发现明暗相互交替的条纹，称之为**双缝干涉条纹**，参考下图。

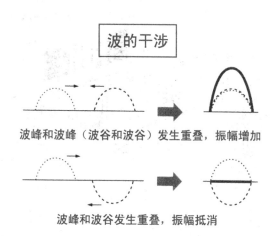

波的干涉

波峰和波峰（波谷和波谷）发生重叠，振幅增加

波峰和波谷发生重叠，振幅抵消

　　双缝干涉条纹的形成，是由于通过不同狭缝的光，会像波一样呈放射状前进，并投射在投影板上。这时，两道光的波峰和波峰、波谷和波谷发生重叠的部分，由于干涉作用，波的振幅会增加，光的强度也会随之增加。相反，波峰和波谷发生重叠的部分，同样由于干涉作用，波会消失，光的亮度也会变暗。两种现象在投影板上交替出现，就会形成明暗交替的双缝干涉条纹。

　　如果光的本质是粒子的话，通过双缝的粒子应该沿着原有的方向继续直行，直接投射到投影板上，投影板上应该出现两条细长的光带。也就是说，应用光的粒子说，无法解释双缝干涉条纹的形成原因。

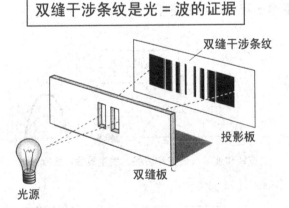

双缝干涉条纹是光 = 波的证据

双缝干涉条纹

投影板

双缝板

光源

◆ **光是电磁波的一种**

在此之后，经过各种实验，在 19 世纪中叶，光的本质是波的说法基本上确定下来。在其中起到决定作用的，是英国物理学家詹姆斯·克拉克·麦克斯韦（James Clerk Maxwell，1831—1879 年）提出的有关**电磁波**的预测。

在物理学中，牛顿唯一没有涉及的领域，就是有关电和磁的研究。自 18 世纪中叶以后，有关电和磁的研究急速发展。进入 19 世纪以后，人们已经发现了电流会产生磁场，而磁铁能够产生电流，明确了电和磁是两种紧密联系的现象。

麦克斯韦发表了他的理论，他认为电场是电力运动的空间、磁场是磁力运动的空间，它们通过振动在空间传播，而由此产生的电和磁的波则是电磁波。经过对电磁波在空间传导速度的计算，他得出这一数值和光速（每秒约 30 万千米）相同。因此，麦克斯韦认为光是电磁波的一种。

1888 年，德国物理学家海因里希·鲁道夫·赫兹（Heinrich Rudolf Hertz，1857—1894 年）通过实验验证了电和磁的波在空间传导的事实，再次证明了电磁波的存在。同时他提出，电磁波虽然是光的一种，但本质上却是一种独特的波。表示电磁波的频率（振动次数）的单位赫兹（Hz）就是用这位物理学家的名字来命名的。N 赫兹就代表电磁一秒钟振动了 N 次。

◆ 电磁波的波长和种类

放射线的一种——伽马射线、拍摄 X 光片时用到的 X
射线、太阳光中含有的紫外线、肉眼可以看到的光（可见
光）、遥控器使用时发射的红外线、微波炉中的微波、电视
及收音机发出的电波……以上这些都属于电磁波。人们根据
波长的不同来区分不同种类的电磁波，并为它们取了不同的
名字。

波长最短的电磁波是伽马射线。它的波长在 0.1 纳米以
下（1 纳米 $=10^{-9}$ 米）。所谓波长最短，也就意味着频率最
大。伽马射线的频率超过 10^{18} 赫兹，也就是说一秒钟可以振
动 10^{18} 次。

X 射线和紫外线的波长长度依次增加，它们的频率也
相应减小。光（可见光）是波长为 380 ～ 770 纳米的电磁
波。只有波长在这个范围之内的电磁波，才能被人的肉眼
看到。

在可见光中，紫色光的波长最短，接下来按照蓝、青、
绿、黄、橙、红的顺序，各色光的波长依次增加。也就是说，
**光的颜色的差异，实际上是电磁波波长的差异（也是频率的
差异）**。

除此之外，红外线、微波、电波的波长依次增加，电波
的波长为 0.1 毫米以上。

◆ 光的两个未解之谜

前面我们已经讲过，19 世纪末期，物理学家们已经完全确定，光本质上是一种波。但是，当我们将光看作波的时候，还有两个问题无法解决。

首先是有关光的介质的谜题。波是物质的振动向周围进行传导的一种现象，而完成传导过程的物质，我们则称为介质。例如，声音在空气中传播时的介质是空气。随着空气中氮分子和氧分子的振动，空气中分子的密度会发生变化，在这种密度变化的基础上，声音得到了传播。因此，在没有任何介质的真空中，声音是无法进行传播的。

那么，光的介质又是什么呢？无论是太阳光还是星星的光，都能够穿透宇宙空间进行传播，因此，光的介质必须是宇宙中充满的物质。可是，在完全真空状态的宇宙空间中，这种"充满的物质"到底应该是什么呢？

另外一个谜题则是加热的物体发出的光的特点。这个问题当时的物理学家还无法说明。在解开这个谜题的研究中，诞生了普朗克的能量量子假说。但是，即便使用这一理论考虑，也无法解决前面提到的光的介质的问题。随后，便到了量子即将诞生的时期。

光能用整数值表示

◆ 从熔炉中产生的量子

前面我们已经介绍过有关量子诞生的普朗克的能量量子假说。前文已经介绍过,量子是在研究加热物质的温度与其所释放的光的颜色的关系过程中被发现的。这一研究最初是为了准确地了解熔炉中的铁矿的温度。所以,我们可以说,量子是从熔炉中产生的。

让我们来介绍一下当时的社会背景。19世纪后半叶,普朗克的祖国德国以普鲁士王国为中心实现了期待多年的统一,同时赢得了与邻国法国之间的普法战争,获得了巨额的赔偿金以及阿尔萨斯、洛林作为割地。这一地区以盛产石灰石和铁矿石而闻名,因而将这些矿石作为原材料,投入熔炉进行冶炼的炼铁行业得到了飞速的发展。

为了能够炼出优质的铁,需要掌握熔炉中准确的温度,通过控制温度进行炼制。但是,当时尚不存在能够测量几千摄氏度高温的温度计。因此,人们只能通过观察熔化的铁矿石的颜色来判断其温度。红黑色的为1000摄氏度左右;通红色则为2000摄氏度左右;如果放出了白色的光,则证明温度更高。但是这些只能通过炼铁工匠的经验和直觉进行判断,之后再进行操作。

这样的操作存在着巨大的误差。因此，业界提出了要求，希望能够从理论上更加准确地把握发热物质的温度和其放出的光的颜色之间的关系。于是，很多物理学家开始针对这个问题进行研究，普朗克就是其中之一。

◆ 分析光谱的分布

前面我们提到过，被加热到红黑色的铁矿能达到 1000 摄氏度左右，通红色可以达到 2000 摄氏度左右。当铁矿被加热到变为通红色的时候，便会放出通红色的光，但是，这个过程并不是只放出红色的光。

一般来说，自然界能够观测到的光，并不是只由单一颜色的光组成的，而是由多种颜色的光组成的，其中最典型的例子就是太阳光。我们通过棱镜，可以发现太阳光是由多种颜色的光共同组成的。其中最亮的光（强度最大的光）的颜色，会被我们认为是该物体的颜色。例如，在太阳光中，强度最大的光是黄色光，因此太阳光看起来便呈现黄色。

在 28 页我们曾经介绍过，光的颜色的差异主要是由于波长不同导致的。在一种光中，究竟包含怎样的波长，不同波长的光强度各自如何……我们将上面的研究称为"光谱的分布"。"光谱"一词原指将混合在一起的光分离。针对加热后发光的物体，也可以通过光谱来掌握温度的变化。这一研究在当时受到了极大的瞩目。

但是，在分析发热物体发出的光的光谱分布时，有一点必须注意。当加热有色物体的时候，物体会释放出原本的色彩所对应的特定波长的光，同时它也会吸收特定波长的光。出于这一特性，在加热黑色物体的时候，为了阻止其散发或吸收特定波长的光，就需要在加热的过程中调整温度的高低。在此基础上，科学家将重点放在物体温度和光的光谱分布关系的研究上，并形成了基础的理论，有关黑色物体发光的研究也取得了进展。在当时，物理学家将该研究称之为"**黑体放射**"研究。

◆ 黑体放射的光谱分布

科学家通过各种各样的实验，分析了黑体放射的光谱分布，从中发现了非常有趣的现象。

下页的坐标图是黑体放射的光谱分布图。最下面的一条线是1000摄氏度物体放出的光的光谱分布线。坐标图的横轴表示光的频率，纵轴表示光的亮度（或强度）。注意横轴表示的不是光的波长，而是与波长成反比的频率。

让我们观察一下1000摄氏度物体放出的光的光谱分布线。当频率越大的时候（波长越短）光的亮度越大。但是，当频率超过峰值的时候，频率越高，光的亮度反而会急速变暗。

无论是 1250 摄氏度还是 1500 摄氏度，随着温度的上升，曲线图整体的形状基本相同。但是，表示抛物线顶点部分的峰值，即频率最大的点的位置，却逐渐向坐标图的右上方移动。而频率的最大峰值和热力学温度成比例（热力学温度的零开尔文 = 零下 273 摄氏度）。

通过这个现象，我们可以明确黑体放射的光谱分布特征。物理学家希望将这一坐标图用数学公式进行表示，以便得出光谱和温度之间的关系。但是，这种尝试却遇到了困难。因为当时的科学家普遍认定光是"波"，基于这样的基础得出的黑体放射的光谱分布线和实际的实验结果并不吻合。

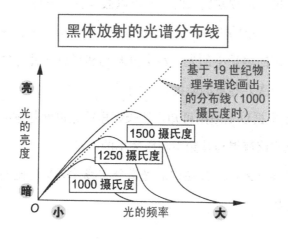

黑体放射的光谱分布线

◆ 理论上的光谱分布线呈逐渐上升趋势

根据当时的物理学，黑体放射的光谱分布，即基于当时的物理学所得出的理论上的分布线，应该和上图中的虚线一致。也就是说，频率越大的光，亮度也应该越大。假设光的频率可能达到无限大，因此理论上这条线应该向坐标图的右上方无限延伸。

但是实验的结果却是一条完全不同的线。因为这一结果是当时的物理学家基于光是波并推测在熔炉等密闭空间加热物体的时候，可能会释放出的光而得出的分布线。具体的理由如下。

① 当熔炉内的温度稳定之后，其中存在的光的波长中，最长的波长应该是熔炉大小的两倍。因此，比这一波长更短的光（也就是频率更大的光）可以假设有无限种。

② 在热力学中有一条能量等分原则，根据这一原则，在温度稳定的熔炉中的光，都会分配到和任意一种光的一条波（振动一次）等量的能量。

③ 根据以上原则可知，波长越短的光也就是频率越大的光，就应该获得与其频率相应大小的能量。

这样一来，坐标图中的光谱分布线才会呈现向右上方上升的趋势。

◆ 光真的具有无限的能量吗？

上述 3 点说明理解起来可能会有一些难度。想要更好地理解以上内容，可能需要学习热力学和统计学等知识。因此在这里，大家只需要知道，在当时得出了和之前的物理学规则完全不同的、有关加热物体发光的光谱分布线就足够了。

这些光谱分布线不仅线的形状完全不同，而且和理论上的线相比，还有其他非常奇妙的点。

在这个坐标图中，我们可以将光所具有的能量的总量，用光谱分布线和坐标轴横轴之间的面积进行表示。这样一来，如果分布线是无限向右上方延伸的直线的话，它和坐标轴横轴之间围出的面积就会趋向无限大，也就表示光所具有的能量的总量是无限大的。但是，事实真的如此吗？因为熔炉中的空间是有限的，所以其中不可能含有能量无限大的光。

◆ 光能成为"小颗粒"

在这种背景下，普朗克的能量量子假说正式登上了历史的舞台。

普朗克首先成功导出了能够正确表示黑体放射光谱试验曲线的方程式。这个方程式现在就叫作"普朗克公式"。由于公式过于复杂，在这里就不向大家介绍了。另外，可以用普朗克公式表示光谱分布，也称为**"普朗克分布"**。

随后，普朗克开始进一步考虑为什么黑体放射的光谱会出现如此的谱线，以及自己推导出的公式为什么能够成立。在这一过程中，他产生了革命性的想法，即**光是一个、两个……可以数出的微小的固体，也就是像颗粒一样的存在。**

普朗克继续推进这一想法，并提出了有关光的能量假说，具体内容如下。

"一定频率的光（电磁波）所具有的能量值，只能是振动频率乘以常数（普朗克将其称为"作用量子"，后被命名为**"普朗克常数"**）的整数倍"。

这个理论称为**"能量量子假说"**（简称**"量子假说"**）。用文字解释可能有些难以理解，如果将该内容转化为公式的话，则可以像下图中表示的那样非常容易理解。

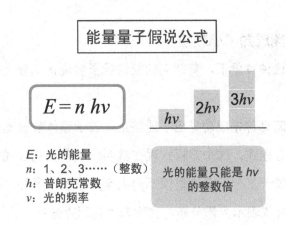

能量量子假说公式

$$E = n\,hv$$

E：光的能量
n：1、2、3……（整数）
h：普朗克常数
v：光的频率

光的能量只能是 hv 的整数倍

我们用表示频率的 v（希腊字母，相当于罗马字母中的 n）来计算光所具有的能量，其能量值可以用 hv（常数 h 乘以 v）、$2hv$、$3hv$……这样的整数的数值来表示，即在光吸收能量或放出能量的过程中，如果将 hv 作为一个单位，那么光则以这个最小能量值为单位一份一份地放出或吸收能量。

◆ 不以 hv 为单位便无法解释

能量量子假说可以解释为何黑体放射的光谱分布线呈现出实验结果中的形状。

按照以往的物理学观点，作为波的光具有一定的能量，但其能量值与其频率无关。因此，按照 34 页提到的"能量等分原则"，所有频率的光都会分配到相等的能量。

但是像前面提到的那样，普朗克认为，频率为 v 的光，只能获得大小为 hv 单位的能量。频率 v 越大，hv 的数值也会越大。这样一来，有限的能量便不是以均等的方式分配，而是频率 v 越大的光所具有的能量越大。

举例来说，我们可以假设将电饭锅中的米饭等量分配给一个拿着小茶碗的人和一个拿着饭碗的人。这里所说的等量，是指分别给他们相同碗数的米饭。开始的时候，两个人都能够各自得到一满碗米饭。但是，随着米饭数量的减少，剩下的米饭不够盛满整个饭碗，于是只能给拿饭碗的人不足一满碗的米饭。这个人也许会抱怨："我要的是一整碗米饭，你为什么只给我半碗？"我们再来设想一下，如果另外一个拿着比电饭锅更大的大汤碗的人出现，希望也分到一满碗的米饭，那么那个人从一开始就根本不可能分到一满碗米饭。

在这个例子里，光的总量就相当于电饭锅中的米饭，而光的能量 hv 可以看作茶碗或者饭碗一满碗的分量。尽管这个例子可能有些不太恰当，但可以提升我们的直观感受。接下来，我们给各种频率的光都分配一 hv（一个单位）的能量，就会出现像实验结果中那样有一个峰值的曲线。也就是说，某些频率的光虽然可以分配到等量的光，但超过这一频率便无法获得足够的 hv。这时抛物线就会下降。

◆ 量子和最小单位量

普朗克认为，光的能量是以 hv 为单位的颗粒。而一个颗粒的单位量，就是我们所说的量子。

人们总喜欢用"子"来命名体积小的物体，例如电子、原子、基本粒子等微小的粒子，但是量子指的却不是特定的小粒子，而是**被看作一个微小颗粒的极小的单位量**。例如，光的能量中 hv 就是量子。

依照普朗克的能量量子假说，振动频率为 v 的光的能量，一定是 hv、$2hv$、$3hv$ 等整数倍，不存在整数倍以外，例如 0.5hv、1.2hv 等小数倍数能量的光。对于以往的物理学观点来说，这绝对是一个非常革命性的想法。因为在此之前，物理学家一致认为所有的量（物理量）都是连续变化的。在自然界中，没有一种量是以不连续的方式变化的，即只取整数值。

◆ **革命性的猜想：不连续的量**

那么，为什么以往的物理学家会认为物理量是连续变化的呢？当我们考量量子——也就是单位量 hv 的时候，就可以得出答案。由于单位量的常数即普朗克常数 h 的数值非常小，在考虑物理量的不连接性时被忽略掉了。

普朗克常数 h 为：6.626×10^{-34}（焦耳秒），括号内为常数的单位，可以不去考虑。问题是，10^{-34} 是一个小数点后位数很多的数值，是一个非常小的数值。而可见光的频率为 10^{15}（单位为赫兹），则是一个非常大的数值。将二者相乘得出的光的能量单位 hv，数值相当于 10^{-20}。也就是说，虽然光的能量变化是不连续的，但是不连续的差异值只是数值相当于 10^{-20} 大小的极其微小的数值。

此前即使一些非常伟大的科学家，也没有注意这些微小的数值，因此会认为光的能量是连续变化的。如果我们把之间的差值比作 1 毫米高的台阶，对于人类来说，基本上可以忽略台阶，将其看作一个光滑的斜面。

太小的差异会被忽略不计

这就是一个平滑的斜坡嘛

台阶可真够高的

光的能量

hv

hv

hv

hv

但是，即使再微小，台阶还是台阶。高度为1毫米的台阶，对于人类来说可能不算什么，但是，对于非常小的蚂蚁来说，可就算是个大障碍了。因此，在考虑微观世界的物理现象时，不能因为差异的微小而忽略物理量的不连续性。但是，当时的物理学界受到了这样的影响——认为所有的物理量都是连续不断的，而与这种认识不符的现象，在那之后也陆续出现了。

◆ 无法被自己理论说服的普朗克

普朗克的能量量子假说在物理学中首先提出了"整数倍"和"不连续"等概念。因此，现在人们将普朗克称为"量子之父"，充分地肯定了他的丰功伟绩，但是，据说普朗克自己却不能理解自己的理论。

普朗克在解释黑体放射光谱分布的过程中认为，如果将能量看作不连续的数值，前后不会出现矛盾。但他同时认为过往的物理学并没有出错，不应该将物理量看作不连续的。在这一点上，他无法说服自己。因此，在普朗克的职业生涯中，他一直致力于将传统的物理学和全新的物理学融合。

顺便说一下，普朗克打开的这扇通向新物理学大门的时间，正好是 1900 年的 12 月，也就是 19 世纪最后一年的年末。这个时间本身就有着一种不可思议的深刻含义。人类在迎来 19 世纪终结的同时，也撼动了牛顿时代以来一直被认为是"常识"的物理学，即**古典物理学**，开始迈向席卷全新世纪的**量子物理学**的世界！

光的本质是粒子吗？

◆ 什么是光电效应？

普朗克的能量量子假说认为，光是具有能量的粒子，但是却没有明确说明光的本质是微小的颗粒状物质。而在普朗克的研究基础上继续深入研究，并明确提出"光是具有能量的粒子的集合"这一观点的，则是爱因斯坦。当时的他尚未提出相对论,还是一名默默无闻的物理学家。爱因斯坦利用这一想法,巧妙地解释了在当时还像谜一般的**光电效应**现象。

所谓光电效应,是指紫外线和蓝光等波长较短的电磁波在接触到金属表面的时候,会在金属表面迸发出电子的现象。这一现象于 1888 年被发现,爱因斯坦在 20 世纪初经过仔细的实验研究,得出了以下结论。

① 电磁波的波长越短,产生的电子的能量越大,电子会越发活跃地迸发出来。电磁波的波长越长,产生的电子的能量越小,电子的活动也会越少。

② 电磁波的振幅变化也会影响到迸发出的电子所具有的能量。振幅越大,迸发出的电子的数量会越多。

在认为光是一种波的时候,这一实验的结论看上去会相当不可思议。因为根据 28 页叙述的内容,光的波长可以决定光的颜色。如果按照①所说明的内容,根据波长的变化所迸发出的电子的能量也发生变化的话,迸发出电子之后的光,所具有的能量会发生变化,这样一来光的波长和能量之间应该没有关系才对。

前面我们曾经介绍过,和波的能量有关的并不是波长而是波的振幅。但是,如果像②中所述,光波的振幅和能量之间就不存在关系。综上所述,用原有的"光 = 波"的定理,无法针对光电效应进行明确的说明。

◆ 爱因斯坦的光量子假说

1905 年，当时只有 26 岁的爱因斯坦借鉴普朗克的能量量子假说，提出了"**光量子假说**"理论。

在这一理论中，爱因斯坦提出："频率为 v 的光是能量为 hv 的粒子的集合"。他将该粒子称为"**光量子**"。根据他的假设，我们可以很好地解释光电效应中不可思议的实验结论。

首先我们来说明实验中的结论①。波长短的电磁波也就是频率高的电磁波，因此这一电磁波的能量 hv 的数值就会变大。具有这样较大能量的粒子即光量子在撞击金属表面的瞬间，会切断金属和电子的结合，从而使电子迸发出来。频率 v 越大，光量子的能量 hv 就越大，因此电子的迸发也会更加活跃。相反，当光的频率低于一定数值的时候，由于其具有的能量不能够切断金属和电子的结合，因此便不会迸发出电子。

下面我们来说明实验中的结论②。电磁波的振幅越大，电磁波的强度就会越强；在可见光的情况下，表现为光的强度越大（越发明亮）。爱因斯坦认为这是光量子增加导致的结果。即便电磁波的振幅增大，单个光量子的能量也不会发生变化。由于接触到金属表面的光量子的颗粒数量增加，相应地迸发出的电子的个数也随之增加。也就是说，光的强度和频率之间的关系，相当于光量子的"量和质"之间的关系（差异）。

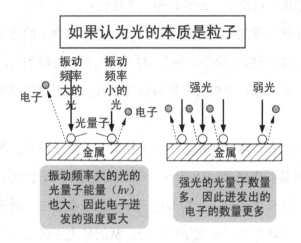

◆ 光既是粒子也是波

截至此时，爱因斯坦将人们一直以来认为的光是波的观点，更正为"光是光量子（现在称为**光子**），是粒子的集合"，成功地解释了光电效应。

爱因斯坦的光量子假说发表于他的相对论（狭义相对论）诞生之前 3 个月。相对论是爱因斯坦的代名词，而光量子理论则是打破了以往光是波的常识的重要革新性理论。爱因斯坦于 1921 年获得了诺贝尔物理学奖，其获奖的理由便是"在理论物理学领域做了诸多研究，特别是对光电效应做出了正确的解释"。

如果我们认为光是粒子的话，29 页提到的光的介质问题也可以得到相应的解决。如果光的本质是微小物质的话，就无需介质，可以依靠自身在空间中进行移动。

那么归根结底，光的本质是粒子而不是波了吗？很遗憾的是，我们并不能得出这样的结论，因为光的干涉现象（25页）只能用光是波的观点才能够解释清楚。

这样一来，**光就具有了既是粒子也是波的不可思议的双重性质**。需要说明的是，这种双重性并不是认为粒子以波浪的形式运动，或者粒子的集合整体以波的形式起伏，等等。光就像具有双重人格一样，具有和传统物理学（古典物理学）完全不同的特性，既具有粒子的性质，又具有波的性质，被视为古典物理学的"异教徒"。

◆ 真正打开量子论的大门

让我们来总结一下第一章的内容，整理一下本章的重点。

① 截至 19 世纪，通过光的干涉现象等一系列实验，物理学界普遍认为光即是波。

② 普朗克研究了加热物体的温度和物体所释放出的光谱之间的关系，认为光的能量具有整数值的特性（能量量子假说）。

③ 爱因斯坦为了说明光电效应，提出了光是微小颗粒集合的假说（光量子假说）。

④ 科学家明确了光既具有粒子的性质，也具有波的性质。

量子的诞生，揭示了古典物理学的不完整性，是一个具有历史意义的事件。19 世纪末期，科学家一度认为物理学已经基本趋于完善。此时年仅 16 岁的普朗克跟随一位大学教授工作，当时的他也被告知："物理学今后不会有重大的新发现"。但是，随着量子这一全新思考方式，以及物质可以既是粒子又是波的双重性的出现，古典物理学中难以解释的问题被物理学的新发现陆续解决了。

此外，古典物理学中遗留的一个重要问题，在光量子假说问世 3 个月后得到了解答，即有关光的第三个谜题：为什么无论观测者是静止还是运动，观测到的光均按照一定的速度进行运动？这个理论就是著名的相对论，它的提出者自然就是爱因斯坦。

量子论和相对论的问世，超越了古典物理学，弥补了它的不足。这两个理论被称为 20 世纪最重要的两大物理学理论。人们的常识逐渐被颠覆，20 世纪也因此被称为"物理学的世纪"。

在第一章中，我们只介绍了量子的诞生，而真正的量子论的出现，需要再等上大约 10 年的时间。在第二章中，我们将进行相关的介绍。我们的话题将逐渐转移到光和量子的故事以及原子和电子的故事上去。我们将介绍作为微观物质的原子的构造、原子中电子的性质。我们也会陆续说明为什么要将电子看作量子，以及将其看作整数倍数值的必要性，等等。从这时开始，量子论才算真正诞生了！

第二章

进入原子内部的世界

早期量子论

引　言

　　在第二章中，有关量子论的内容终于要登场了。量子论的倡导者，正是我们在序章中提到的玻尔博士。当时，世界各地的科学家，对于"原子内部的构造究竟如何"这一问题都感到非常头疼。而最终解决这一问题的人，正是当时年仅27岁的玻尔。量子论在当时绝对是异想天开、大胆无畏的理论。第二章的重点主要是以下3点。

　　① 当时被视为非常具有威望的卢瑟福原子模型存在哪些不足？

　　② 为玻尔的想法带来灵感的巴耳末系的具体内容是什么？

　　③ 玻尔提出的玻尔原子模型是什么？在此之前提出的量子化条件和频率条件又是什么？

　　为了能够更加清晰地说明玻尔提出的理论具有的划时代意义，在本章中必须引入一些物理学专业术语。不过，即便大家不能完全理解这些理论也没有关系，只需要将阅读的重点放在文中黑体字强调的重点部分和结论部分即可。本章最后当然也设有本章小结。

探索原子的构造

◆ **所有的物质都是由原子构成的吗？**

　　第二章我们介绍量子论的诞生。在第一章的最后我们已经认识到，量子论和原子及电子有着非常深刻的关系。因此，我们在这里首先要介绍一下原子和电子的基础知识，就像第一章中介绍有关光的知识那样。下面我们一起了解一下19世纪末到20世纪初，困扰着物理学界的这个"难题"。

　　现在我们都知道所有的物质都是由原子这一微小的颗粒集合在一起构成的。原子的英语为"atom"。古代希腊哲学家德谟克利特（Democritus，约公元前460年—公元前370年）曾经假设，原子是构成物质的最小粒子，因此为其取名为"atomos"，意为"无法继续分割"。

　　近代科学中第一次引入原子的概念，大约是在19世纪初。

　　英国的化学家约翰·道尔顿（John Dalton，1766—1844年）提出了原子论，他认为世界上只存在和纯粹的物质（元素）种类相同数量的微小粒子（即原子）。

　　原子的大小虽然根据其种类的不同各不相同，但基本在1毫米的1/10000000左右。能够直接观测到如此微小物质的显微镜，在19世纪自然是不存在的。利用扫描电子显微镜来观察单个电子的情况，是在 21 世纪才得以实现的。但是，道尔顿的原子论，可以明确地解释物质的化学反应情况及化学规律，因此被视为近代科学的基础理论。

那么，原子真的是无法继续分割的物质吗？ 19 世纪末期，随着电子的发现，人们认识到电子存在于原子内部。也就是说，原子并非无法继续分割，原子的内部存在着更加微小的构造。

◆ 电子的发现

电子于 1897 年，由英国物理学家约瑟夫·约翰·汤姆逊（Joseph John Thomson，1856—1940 年）发现。汤姆逊当时致力于阴极射线的研究，他认为阴极射线的本质是带有负电荷的微小颗粒，即电子的集合体。他将密封的玻璃试管中的空气抽出，使试管处于真空状态，将试管内部的两枚金属片分别和电池的正极（阳极）和负极（阴极）相连。实验的结果显示，和阴极相连的金属片会发出黄绿色的光线，这就是阴极射线。

汤姆逊将磁场或电场靠近阴极射线，发现阴极射线会沿着特定的方向发生弯曲。这一现象和带电的粒子受到磁场或电场影响的时候发生的现象完全一致。因此，汤姆逊判断，阴极射线的本质，就是带有负电荷的微小颗粒形成的流。

汤姆逊通过各种各样的实验，推测出电子的质量是氢原子（质量最轻的原子）的 1/1000 左右。随后，美国的物理学家罗伯特·安德鲁·密立根（Robert Andrews Millikan，1868—1953 年）又提出，电子的质量只有氢原子的 1/2000 左右。此外，德国物理学家亨德里克·安东·洛伦兹（Hendrik Antoon Lorentz，1853—1928 年）在研究原子释放出的光的过程中，认为原子内部有带电的粒子。他认为这种粒子和构成阴极射线的电子是同一种物质。也就是说，原子并不是不能继续分割的物质，而是由更小的元素构成的。

◆ **思考原子内部的构造**

此时，人们明确了原子内部含有电子。那么，电子究竟位于原子中的什么位置呢？于是科学家开始关注原子内部的构造。

原子内部含有带负电的电子，但是原子的整体本身却不带电，因此科学家猜想，这是因为原子的内部还有带正电的部分，正电和负电相互抵消了。

发现电子的汤姆逊在各种实验的基础上，于 1903 年提出了汤姆逊原子模型，即他所认为的原子构造模型。根据他的模型，带正电的较大的球体中，散布着微小的电子颗粒。他的模型类似西瓜，红色果实部分代表带正电的部分，而黑色的瓜子则相当于电子。

1911年，汤姆逊的学生，英国物理学家欧内斯特·卢瑟福（Ernest Rutherford，1871—1937年）否定了老师的假设，提出了卢瑟福原子模型。卢瑟福原子模型中，带正电的部分集中在原子的中心，而电子则围绕它们在四周转动。他的模型和行星围绕太阳转动的样子非常类似。

原子的内部构造模型

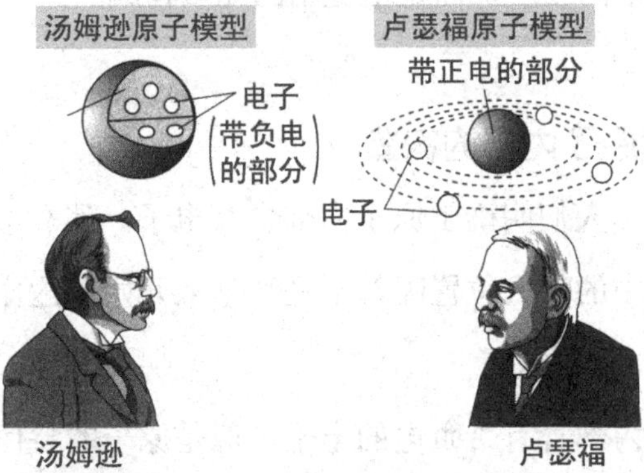

◆ 原子的中心有原子核

当时，为了确认用显微镜也无法看到的原子内部的构造，卢瑟福进行了一项实验。他使用当时刚刚发现不久的放射线——阿尔法（α）射线穿过金属薄膜的表面。阿尔法射线是带有正电的粒子（阿尔法粒子，实际上是氦原子的原子核）的射线。在实验进行的过程中，大部分的阿尔法粒子都通过了金属薄膜，但是大约 1/8000 的阿尔法粒子却改变了行进路线，从金属膜的表面弹了出来。

通过分析这一实验的结果，卢瑟福认为，金属膜的原子的中心部位存在着带有正电的质量较大的粒子。这种较大的粒子只有在和带正电的阿尔法粒子发生冲突的时候，由于电的斥力改变阿尔法粒子的行进方向，才会发生路径的弯曲（正电和正电、负电和负电之间，即相同电极的两个物质之间会产生相互排斥的力。如果一个物质带正电、另一个物质带负电，则二者之间会产生引力）。按照汤姆逊的原子模型，如果原子中带正电的物质广泛分布的话，穿过金属膜的阿尔法粒子应该都会受到相同程度的斥力。这就无法说明，为什么只有一部分阿尔法粒子发生了路径的改变。

卢瑟福提出的原子中心部位存在带有正电的质量较大的粒子，在随后的研究中被证明，是带有正电的质子和不带电的中子结合在一起构成的原子核。

◆ 为什么原子不会被破坏？

卢瑟福的实验表明，原子的构造应该是在带有正电的原子核周围，带有负电的多个电子围绕着它进行旋转运动。人们原以为得出了最终的结果，但很遗憾的是，事实并非如此。因为在卢瑟福的原子模型中，存在着一个重大的缺陷。

根据当时的物理学，如果带电的粒子进行旋转运动的话，该粒子会放出光（电磁波），就应该失去相应的能量。如果将这一观点应用于卢瑟福的原子模型中，带负电的电子在原子核周围进行旋转运动的过程中，就会释放出电磁波，并且失去能量。这样一来原子的旋转半径就会逐渐减小。也就是说，电子按照螺旋状的轨道逐渐接近原子核，最终会和原子核紧密地附着在一起。

根据计算，电子只需要 10^{-10} 秒就会失去能量，和原子核附着在一起。也就是说，原子只要有 10^{-10} 秒的时间没有保持卢瑟福的原子模型所指出的状态，就会在瞬间被破坏掉。但是，实际上原子并没有处于这种"命悬一线"的状态。卢瑟福的原子模型能够清晰地说明有关原子的各种现象和实验结果，被人们认为是最为有说服力的原子模型，但是这个简单的问题却不能被忽视。那么，这个问题究竟应该如何解决呢？

在这样的背景下，当时年仅 27 岁的年轻"革命家"玻尔登上了历史的舞台。他提出了接近原子真正状态的具有划时代意义的理论。

原子会在瞬间被破坏吗？

电子

围绕原子核旋转的电子发出光（电磁波），从而失去能量，应该在瞬间和原子核附着在一起，导致原子被破坏

原子核

电子也受到整数值的制约

◆ 玻尔的原子模型问世

　　玻尔在哥本哈根大学学习物理学之后，于 1911 年即卢瑟福原子模型问世的同一年，远赴英国的剑桥大学留学，受到了汤姆逊和卢瑟福的指导。

　　在卢瑟福的研究室中，玻尔加入了关于卢瑟福原子模型的缺点，即"为什么原子不会被破坏"这一议题展开的激烈讨论。为了解决问题，玻尔逐渐产生了具有个人特色的想法，但是在当时这一想法还不够完善。

　　1912 年年底，玻尔结束了留学回到丹麦。1913 年 2 月的某一天，他在和一位朋友讨论原子的构造的时候，对方对他说："你应该知道巴耳末等人提出的'巴耳末系'的方程式吧？"第一次听到这个名词的玻尔回去立刻进行了研究。

玻尔曾经说过："看过了巴耳末系的内容，我感到瞬间眼前一亮，因此完成了我的论文《关于原子和分子构造》中最重要的部分，而且只用了一个月的时间。"

同年，玻尔提出了"量子化条件"和"频率条件"这两个超出古典物理学常识的大胆假设，以此假设构筑的原子构造模型，就是通称的"**玻尔原子模型**"。

◆ 气体发光的光谱

在介绍玻尔原子模型之前，我们先来了解为玻尔的理论提供灵感的"巴耳末系"的相关内容。

在抽成真空的玻璃管内，加入微量的气体使其放电，根据气体种类的不同（也就是原子种类的不同），会发出不同颜色的光。从 19 世纪中期开始，科学家便通过三棱镜等光学仪器分析这些光的光谱，即研究它们拥有哪些波长的光。

关于光谱的知识，我们在第一章的黑体放射部分已经进行了一些说明。黑体放射的光谱和气体在真空放电状态下的光谱有着极大的差异。黑体放射的光谱包含连续的不同波长（频率）的光，使这些光通过三棱镜，我们会观察到不同波长的光呈现的带状分布。这样的光谱我们称之为"**连续光谱**"。

而另一方面，使气体发出的光通过三棱镜的时候，光并不会呈带状分布，而是以细线状态出现在不同位置。这样的光谱分布并非连续，只包含分散的不同波长的光。这样的光谱我们称为"**线性光谱**"。

◆ 氢原子的光谱有着不可思议的方程式

1885 年，当时在瑞士担任中学老师的约翰·雅各布·巴耳末（Johann Jakob Balmer，1825—1898 年）发现了氢元素（氢原子）的光谱中一个非常有趣的事实。

氢原子的线性光谱包含了红、绿、蓝、紫 4 种颜色的可见光，巴耳末发现了这 4 种光的波长之间非常特别的规律性。

这种规律性可如下图所示，由 2、3、4、5 等简单的整数组合而成。人们一般对这些数字可能不会太在意。但是，巴耳末出于数学老师的职业习惯，非常擅长破解这样的数学谜题。此后这 4 种线性光谱就被命名为"**巴耳末系**"。

巴耳末认为，氢原子的线性光谱之间的关系，可以由简单的整数组合进行表示这一事实绝非偶然。另外，当时的氢原子构造尚处于不明确的状态，因此巴耳末认为，原子的构造和原子释放的光之间一定有着密不可分的关系。也就是说，在原子构造中，一定有一些和"整数"有关的内容。

氢原子的线性光谱之谜

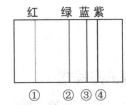

红 绿 蓝紫

① 656.210 纳米
② 486.074 纳米
③ 434.010 纳米
④ 410.120 纳米
（1 纳米 = 0.000001 毫米）

$$①:②:③:④ = \frac{9}{5} : \frac{16}{12} : \frac{25}{21} : \frac{36}{32}$$
$$= \frac{3^2}{3^2-2^2} : \frac{4^2}{4^2-2^2} : \frac{5^2}{5^2-2^2} : \frac{6^2}{6^2-2^2}$$

这个公式的分母表示为整数的二次方之差。巴耳末认为，这与原子的构造一定也有关系。因此，巴耳末系的方程式就成了解开氢原子构造之谜的一把关键的"钥匙"。

◆ 巴耳末系无法用卢瑟福原子模型进行说明

此外，使用卢瑟福原子模型根本无法说明巴耳末系的线性光谱。

在 56 页中曾经提到，电子在围绕原子核进行旋转运动的时候会放出电磁波。这时释放出的电磁波的光谱，如果基于古典物理学进行计算，它的线性光谱的波长间隔应该完全相等。但是巴耳末系的波长却像上图中所示，并非间隔相等的状态。

电子在释放电磁波、失去能量的过程中，轨道半径并没有沿着螺旋状的轨道逐渐减小。这时释放出的电磁波的波长，按照古典物理学的方法去求的话，会得出轨道半径逐渐减小、波长逐渐变短的结果。也就是说，氢原子的光谱应该是含有各种波长的连续光谱。

如上所述，氢原子的光谱和卢瑟福原子模型并不相符。而玻尔看到巴耳末系的方程式的时候，却得到了启示，知道了应该如何改进卢瑟福原子模型。那么，玻尔究竟发现了什么，又产生了什么新想法呢？

◆ 玻尔大胆无畏的假设

下面，我们开始正式介绍玻尔原子模型。

如前所述，卢瑟福原子模型无法被完全接受的一个重要理由，在于无法解释为什么电子在进行旋转运动的过程中失去了能量，但是电子却并没有附着在原子核上，原子也没有在瞬间被破坏。而玻尔则选择了**"无视障碍"**的打破常规的**思考方式**，做出了下面这个超出常识的假设，提出了全新的原子模型。使用这个原子模型，就可以非常清晰地说明氢原子的巴耳末系。

假设 1

原子中电子的位置并不是随意的，它们在确定的圆形轨道上进行着运动，而且这个圆形轨道的半径一定只能是某些符合条件的整数值。

假设 2

电子在这个圆形轨道上进行旋转运动的时候，并不释放电磁波。

假设 3

当电子从一个轨道向其他轨道移动的时候，电子才会释放或吸收电磁波。该电磁波的能量等于电子在两个轨道上进行旋转运动时所具有的能量的差。

玻尔的所有假设都是古典物理学无法解释的内容，或者和古典物理学相互矛盾。但是，玻尔的假设却并不是信口开河。他的假设建立在第一章介绍过的普朗克的能量量子假说，以及爱因斯坦的光量子假说基础之上。

◆ 轨道半径只能为整数值

基于这一假设的玻尔原子模型，描绘出了更加简单的氢原子的原子构造图，如下页图所示。氢原子的原子核中只有一个质子（带正电），原子核的周围则有一个电子围绕其进行运动。在玻尔所处的时代，人们尚不清楚原子的构造，物理学家通过各种各样的实验，得出氢原子是质量最轻的原子。玻尔也因此推断，氢原子的构造应该相当简单。

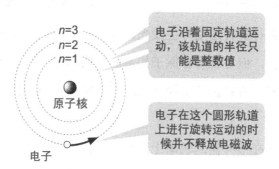

氢原子内的电子轨道

- $n=3$
- $n=2$
- $n=1$

原子核

电子

电子沿着固定轨道运动，该轨道的半径只能是整数值

电子在这个圆形轨道上进行旋转运动的时候并不释放电磁波

根据前面假设 1 的内容，氢原子内部的电子存在多个轨道，而这些轨道的半径只限于整数值，不存在整数值以外半径的轨道。在卢瑟福原子模型中，没有针对电子轨道半径的特定条件，即电子的轨道半径可以是任何值。此外，我们可以联想一下围绕地球运动的人造卫星。它们在重力的作用下围绕地球旋转，它们的轨道半径也没有特殊的限制，可以设定为任意值。因此和它相比，原子内部电子的轨道具有十分特殊的性质。

◆ 电子的定态和迁移

当电子在规定半径的轨道上进行旋转运动的时候，电子保持着一定的能量状态，且不会放出光。玻尔将电子处于的这种状态命名为**"定态"**。

那么，为什么处于定态的电子不会放光呢？事实上，玻尔并没有明确说明其理由。也就是说"虽然不知道原因，但就是这样一回事"，也就是完全无视了古典物理学中认为的、电子在进行旋转运动时会发光的规则。虽然这一理论看上去有些粗暴，但是在解释原子构造的时候，玻尔却具备了古典物理学家不曾有过的敏锐直觉，而事实证明他的直觉是完全正确的。

电子在最外侧的轨道上运行的时候能量最高，而越靠近内侧的轨道，能量也会随之越低。而电子从一条轨道向另一条轨道跳转（这一跳转称为**"迁移"**）的时候，电子的能量差会以电磁波的形式释放或吸收。如果原有的能量较高，多余的能量就会释放出来；相反，如果原有的能量较低，就会吸收能量。

在 60 页中我们曾经提到过巴耳末系的方程式中两个数的"差"存在着重要的关系。**玻尔在看到这个方程式之后，认为这个差就是电子的两个定态的能量之差。**

◆ 在原子构造中登场的量子

下面我们对玻尔提出的假设进行一下详细的解说。文中列出的数学公式可能对读者来说理解起来有一些难度，不过大家无需完全理解公式的内容，只需要关注"量子化条件"和"频率条件"等名词，以及作为重点标出的黑体字内容即可。

根据玻尔的假设 1，原子内部电子的轨道半径是符合"某一条件"的整数数值。所谓的"某一条件"指的是：轨道一周的周长（轨道半径 ×2× 圆周率）乘以电子的动量（电子的质量 × 速度），只能是普朗克常数 h 的整数倍。这就是**玻尔的"量子化条件"**。具体的公式请参考下页图。也就是说，电子的轨道半径是与普朗克常数 h 的最小单位（量子）的整数倍成比例的数值，即只能是整数数值。这样一来，普朗克在研究光的能量时导入的**量子概念以及普朗克常数 h 就可以运用到研究原子构造的过程中。**

此外，电子在进行圆周运动的时候，电子的离心力（向外运动的力）和电子受到的带正电的原子核的引力正好能构成一组均衡的公式。将这一公式应用到刚才的量子化条件中，可以计算出电子的轨道半径，以及电子在不同轨道上运动的时候（即处于定态的时候），实际的电子的能量值。

◆ 玻尔的量子化条件守护着电子

处于最内侧的电子的轨道称为"n=1 的轨道"。

这个公式表示的是 n 的数值为 1 的轨道。这时，电子所具有的能量处于最小数值。当 n 的数值为 2、3、4······即不断增大的时候，轨道半径和电子所具有的能量也会随之增大。

当 n=1 的时候，电子的轨道半径约等于 5.3×10^{-11} 米。我们将这一半径称为**玻尔半径**。玻尔半径的数值和通过氢元素化合物的结晶体推导出的氢原子的半径基本一致，有效地验证了玻尔提出的理论。

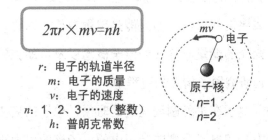

玻尔的量子化条件

$$2\pi r \times mv = nh$$

r：电子的轨道半径
m：电子的质量
v：电子的速度
n：1、2、3······（整数）
h：普朗克常数

mv
电子
r
原子核
$n=1$
$n=2$

另外，当 n=1 的时候，电子所具有的能量处于最小状态，不可能存在比这一数值更小的能量状态，电子不可能在比 n=1 更小的半径轨道上运动。

卢瑟福原子模型有一个致命缺陷，即围绕原子核运动的电子会逐渐失去能量，逐渐和原子核附着在一起。针对这一点，玻尔提出的量子化条件认为，**电子具有最低的能量界线，不可能存在低于这一界线的情况**。也就是说，**正是因为量子化条件，电子才不会和原子核附着在一起**。

◆ 可以解释氢原子的线性光谱

卢瑟福原子模型的另一个重要缺陷，是无法说明氢原子的线性光谱的巴耳末系。针对这一问题，玻尔也做出了清晰的解释。

玻尔在看到巴耳末系的方程式之后，认为其中"差"的部分，应该是电子在某一轨道时和在其他轨道时能量的差。这就是 62 页中的假设 3。

另外，根据 43 页中介绍的爱因斯坦光量子假说，光的能量等于光的频率 v 乘以普朗克常数 h，即 hv。玻尔将爱因斯坦的光量子假说和假设 3 结合在一起，认为原子释放的光的频率符合以下内容。

"电子从外侧轨道向内侧轨道移动的时候，电子释放的光的频率 v，等于电子位于各条轨道时的能量差除以普朗克常数"。

我们将这一内容称为**玻尔的"频率条件"**。具体的公式请参考 69 页图。

电子在既定的轨道上所具有的能量（即定态的能量），可以根据前面的量子化条件进行计算。如果将其应用于频率条件中，得出的结果和巴耳末系的各频率（频率是波长的倒数）的整数值完全一致。

◆ 巴耳末系表示电子从其他轨道迁移到 $n=2$ 的轨道时释放的光

关于玻尔的频率条件和巴耳末系之间的关系，我们需要进行一下具体的说明。

举例来说，如果氢原子中的电子从 $n=3$ 的轨道上向 $n=2$ 的轨道上移动（迁移），这时根据玻尔的频率条件，电子在围绕 $n=3$ 的轨道运动时产生的能量和围绕 $n=2$ 的轨道运动时产生的能量之间的差，将会以光的形式释放出来。如果我们计算该光的频率，就会发现其数值和巴耳末系中红色光的频率完全相同。

让我们重新看一下 60 页的图片，红光①的波长可以用 3 和 2 两个整数的组合进行表示。这里所说的 3 和 2，就是原子构造中 $n=3$ 的轨道以及 $n=2$ 的轨道。

同理，如果氢原子中的电子从 $n=4$ 的轨道向 $n=2$ 的轨道上迁移，电子就会释放出巴耳末系中的绿光②；电子分别从 $n=5$ 和 $n=6$ 的轨道向 $n=2$ 的轨道上迁移时，就会分别释放出巴耳末系中的蓝光③和紫光④。

我们可以得出，巴耳末系表示的就是氢原子中的电子从 $n=2$ 以外的轨道向 $n=2$ 的轨道迁移过程中所释放出的光。

另外，一般来说，当氢原子中的电子从 $n=a$ 的轨道向 $n=b$ 的轨道迁移的时候（a、b 都为整数，且 $a>b$），电子释放出的电磁波会形成红外线或紫外线。这些电磁波虽然不能被肉眼直接看到，但是根据实际的电磁波检测结果，和玻尔的理论值完全一致。

玻尔的频率条件

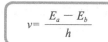

$$\nu = \frac{E_a - E_b}{h}$$

ν：电子释放的光的频率
E_a：电子在 $n=a$ 的轨道
　　　上具有的能量
E_b：电子在 $n=b$ 的轨道
　　　上具有的能量
h：普朗克常数

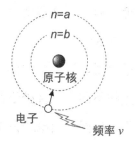

◆ 为什么原子会发光？

这样一来，氢原子发出的光的频率就可以用氢原子的构造以及氢原子中电子的运动进行说明。但是，为什么氢原子会发光呢？也就是说，为什么氢原子中的电子会出现轨道迁移呢？

具体的原因如下。氢原子发光的过程，就像 58 页中介绍的那样，在抽真空的玻璃试管中加入少量氢气，然后加以高压，使其放电。这时，氢原子中的电子获得了放电的能量，处于比通常情况更高能量的状态。我们将这一状态称为"激发"状态。

处于激发状态的电子会向更外侧的轨道迁移，即当电子获得非常多的能量的时候，电子不会停留在原子内部，而是会向原子外部飞出。我们将这一状态称为"电离"。

但是，由于电子不能长时间保持高能量状态，因此在释放出能量之后，它会重新返回到内侧的轨道上。这时就会释放出光（电磁波）。

一般来说，激发状态的电子回到内侧轨道的时间，由于原子种类的不同，以及处于激发状态时所位于的轨道位置的不同而各不相同。当电子在 10^{-9} 秒至 10^{-5} 秒的极短时间内回到内侧的轨道上，释放出的光称为**荧光**；而如果在 10^{-3} 秒到 10 秒之间这一较长的时间内回到内侧的轨道上，释放出的光称为**磷光**。

例如，荧光灯中发出的光就是荧光。密封在荧光灯玻璃管中的汞蒸气释放出紫外线，而紫外线接触到涂在玻璃管内部的荧光涂料，便释放出了荧光。

而磷光的例子，则可以参考夜光涂料。当夜光涂料获得了电灯中的能量之后，其中的电子处于激发状态。由于周围比较黑，这些电子就需要较长的时间才能回到内侧的轨道上。这时就会释放出光（磷光），让夜光涂料在黑暗中也能够发出光。

◆ 玻尔的早期量子论漏洞百出?

关于玻尔的量子化条件和频率条件，我们希望能够进行详细的说明。但是，在说明的过程中，有很大一部分难度相当大。我们在这里将相关内容整理一下。

① 之前被人们认为是终极微小粒子的原子，内部还有可分割的构造。因此，原子核周围有电子围绕其进行旋转运动的卢瑟福原子模型被认为更加有说服力。

② 但是，卢瑟福原子模型有一个致命的缺点，即旋转的电子会释放出光，并且和原子核附着在一起。另外，卢瑟福原子模型也不能说明氢原子的线性光谱，即巴耳末系。

③ 玻尔通过提出量子化条件、定态和频率条件等大胆的假设，构筑了全新的原子模型，即玻尔原子模型，弥补了卢瑟福原子模型的不足。

原本在解决有关光的难题过程中诞生的量子，在研究原子构造的过程中再度登场。因此在提到量子的时候，我们一定不能忘记普朗克提出的普朗克常数。

我们将玻尔的理论称为"**早期量子论**"。之所以称为"早期"，是因为这时的理论还处于不完善的状态。玻尔的理论并非快刀斩乱麻一般，解决了与原子构造相关的所有问题，事实上，它还有一些缺陷。

◆ 早期物理学——迈向量子物理学的桥梁

玻尔理论的其中一个缺陷，是量子化条件等假设并没有一定的根据，只是凭空想象后拿来使用的。例如，如果向玻尔提问："为什么在固定轨道上进行旋转运动（即处于定态）的电子不会放出光呢？"，玻尔则无法进行说明。一直以来，传统的物理学都认为"进行旋转运动的电子会放光"，并根据这一点，认为卢瑟福原子模型存在着不足。但是，玻尔却忽视了这一缺陷本身，反而认为"相反即正确"。这样随意地使用理论不免有些草率。

另外一个重要的缺点，即玻尔原子模型只适用于氢原子的情况。如果换成在氢原子之后第二轻、有两个电子的氦原子发出的线性光谱，就无法使用玻尔的理论进行解释。后来人们经过研究才了解到，氢原子是只有一个电子的、构造极其简单的原子，因此碰巧符合了玻尔的理论。

看到这里，大家也许会觉得，"既然如此，玻尔的成果也没那么伟大嘛！"这样想就错了。的确，玻尔的理论存在着不完善的地方，但是正是他第一次在原子中引入了"量子"的概念；也正是由于有了他的贡献，后来的年轻物理学家才研究出了具有多个电子的原子模型，并对量子论进行了最终的完善。因此，玻尔的理论迈出了划时代的一步。

也就是说，**玻尔的早期量子论是连接古典物理学和真正的量子物理学的一座桥梁。**

另外，玻尔本人也对自己理论的缺陷非常了解，因此他积极地支持自己的学生，希望他们能够超越自己，研究清楚原子和电子的真实面貌。从这一点出发，也可以毫无疑问地认为，玻尔在量子论的建立过程中做出的贡献是排在首位的。

◆ 革命性的理论从年轻的头脑中产生

玻尔提出玻尔原子模型时只有 27 岁。此外，将玻尔的理论不断完善，最终完成量子论（后期量子论）的玻尔的学生们，也都是 20 ～ 30 岁之间的年轻人。而爱因斯坦在发表最早的相对论即狭义相对论的时候，也只有 26 岁而已。

很多被称为"天才"的人，都是在很年轻的时候取得了伟大的成就。这其中，量子论和相对论的诞生，绝对是最好的例子。另外，数不胜数的例子也证明，当被人们所认为的常识困扰的时候，打破常规的人正是年轻人。如果被古典物理学中"旋转运动的电子会放光"的常识所禁锢，老一辈的物理学家是绝对不会像玻尔等年轻人一样，产生"原子中的电子不遵循这一规律"这样离经叛道的想法。

在接下来的第三章中，我们将介绍量子论逐渐趋于完成的过程。玻尔的理论虽然具有划时代的意义，但是却存在着缺陷。为了完善玻尔的理论，众多年轻的头脑发挥了作用（当然也有像薛定谔那样，在 40 岁的时候提出跨时代理论的不那么年轻的物理学家）。这些物理学家不断地打破常规，提出了一个又一个令一般人目瞪口呆的想法。所以，大家做好心理准备了吗？

第三章

想看却看不见的波

量子论的完成

引 言

在序章中，我们曾经提到过"量子论将电子视作波""无法看到作为波的电子"等令人无法一下子搞懂的内容。在第三章中，我们将正式接触这些内容。我们可以把第一章和第二章看作第三章的"前菜"，而真正解开量子论"仙境"真实面貌的，则是第三章的内容。

第三章的重点非常多，如果我们非要将它们在此列出的话，可以总结出以下 4 点。

① 将电子看作波有哪些好处？能够明确地说明哪些问题呢？

② 波函数是什么？

③ "被我们看到前的电子是处于叠加状态的"，为什么会这样认为呢？

④ 为什么爱因斯坦等人反对波函数的概率解释呢？

此外，第三章中还将介绍量子论的梗概，此后的第四章和第五章将针对这些内容展开叙述。本章的内容读者即使无法完全理解也没有关系，希望大家在阅读的过程中心中谨记这一点。

将电子看作波

◆ 探索玻尔假设的根据

首先，我们来复习一下第二章的内容。

玻尔提出了全新的原子模型，解释了为什么原子能够保持不破裂的固定大小，并解释了从氢原子导出的巴耳末系的波长等问题。此外，玻尔还提出了电子在轨道上进行旋转运动的时候，处于并不发光的"定态"这一概念，以及电子轨道半径只限于整数值的"量子化条件"等概念，为古典物理学导入了极为大胆的假设。

玻尔提出的"定态"和"量子化条件"等概念，是违反古典物理学常识的"没有根据的假设"。但是，在这些假设上建立起的玻尔原子模型，却很好地解释了巴耳末系氢原子光谱的波长等问题，因此这些假设应该不是错误的，而是正确的理论。

那么，我们能不能为玻尔的假设找到一些依据呢？换句话说，能否先考虑假设本身的意义，再给假设找到根据，从而找出代替古典物理学、能够支撑原子和电子等微观世界的全新法则呢？

想探索其根据并非易事。这是因为玻尔的假设本身是无视古典物理学常识的大胆的想法。想要找到它的根据，就必须具有非常革命性的想法。

在玻尔原子模型发表大约 10 年之后，物理学家终于找到了突破口。这便是将以往人们一直认为只是粒子的电子，认为是一种波的"异想天开"的想法。

◆ 电子和其他所有物质都是波吗？

1924 年，法国物理学家路易·维克多·德布罗意（Louis Victor de Broglie，1892—1987 年）提出了划时代的想法——将电子看作波。顺便说一句，德布罗意中的"德（de）"在法语中是贵族使用的名字（例如法国前总统戴高乐的名字中也有 de）。

德布罗意公爵的家族，也是法国的名门望族之一。

将本应该是粒子的电子视作一种波，大家是不是觉得这句话好像在哪里听说过？这和第一章中提到过的"将以前一直认为是波的光看作粒子"正好相反。

爱因斯坦的光量子假说（43 页）提出了"将以前一直认为是波的光看作粒子"的观点。德布罗意注意到了这一光量子假说，并展开了相反的联想，考虑一直以来被视为粒子的电子是否具有波的性质。

此外，德布罗意还认为，爱因斯坦的光量子假说中关于光量子的动量和波长的方程式，同样也适用于电子当中。

　　"动量（＝质量×速度）为 P 的电子，可以看作波长为 λ 的波。这时的波长 λ 等于普朗克常数 h 除以动量 P（$\lambda=h/P$）。（表示波长的 λ 是相当于罗马字母中 L 的希腊字母）。另外他还认为，不仅是电子，所有的物质都具有用这个公式求出的波长的波。这个波被称为**"物质波"**。

◆ 电子的波围绕在原子核周围旋转

　　所谓的电子和所有物质都是波，究竟是怎么一回事呢？这个问题是量子论中经常被拿出来讨论的核心问题。在这里我们先暂时将这个问题搁置在一边，首先详细地讲解一下德布罗意将电子看作波的思考方法。

　　波不是只在一个点上的存在，而是在一定广度上的存在。因此，原子中的电子的波也是广泛分布在原子核周围的存在。如下页图所示，这种电子波在原子核的周围做圆周运动。这时，旋转一周波的波峰部分，如果不能和最初的波峰完全重合，就会由于波的干涉（波峰和波谷互相抵消，见 25 页）作用，使波的振幅变小。如果旋转几周的话，波就会彻底消失。

　　也就是说，围绕原子核旋转的电子的波，为了一直保持不消失的状态，在旋转一周之后，必须保证具备此时的波峰和最初的波峰完全一致这一条件。当满足这个条件的时候，电子的波"一周的长度"，必须保证是波长（波峰到波峰之间的距离，即图中的 λ）的整数倍。

◆ "电子 = 波"是量子化条件的根据

请回忆一下在玻尔的量子化条件公式中（66 页），用来
表示整数倍的 n。根据量子化条件，电子轨道一周的长度必
须满足整数倍条件。当我们将电子视为波的时候，电子的波
在原子核周围存在的条件中，也必须满足整数倍的条件。德
布罗意注意到了这之间的共同点，因此，它被视为解释量子
化条件的关键！

在原子核周围旋转的电子的波

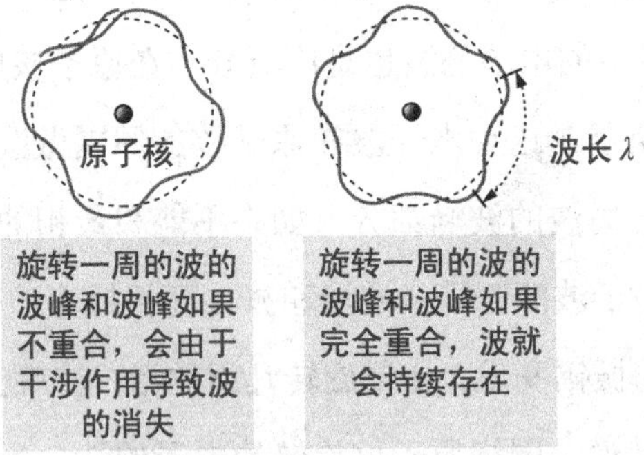

原子核

波长 λ

旋转一周的波的波峰和波峰如果不重合，会由于干涉作用导致波的消失

旋转一周的波的波峰和波峰如果完全重合，波就会持续存在

也就是说，**为电子轨道加入量子化条件这一奇妙条件的，
正是将电子视为波的观点**。将电子视为波，而这种波在原子
核周围存在的条件，正是古典物理学无法解释的量子化条件。

在古典物理学中，电子被视为一种粒子，因此自然无法解释量子化条件。

让我们从理论上来考虑一下。电子的波为了能够在原子核的周围持续存在，其一周的周长 $2\pi r$ 必须是波长 λ 的整数倍。即满足 $n\lambda$（n 表示整数）的条件（参考下页的公式①）。将下页中德布罗意的"电子的波的波长和动量关系公式"（公式②）代入，就能够清晰地导出玻尔的量子化条件公式。

这样一来，**德布罗意将电子视为波，并定义出了波长公式，就成为电子轨道加入玻尔的量子化条件的根据**。

◆ 电子真的是波吗?

这里有一个必须要注意的点。刚才我们在考虑原子内的电子的波时，介绍过"电子波在原子核周围进行圆周运动"。读者读到这里的时候，也许会产生这样的疑问："电子会像轨道上的波那样起伏运动吗？"事实并非如此！在这里只是作为粒子的电子呈现起伏的运动状态而已，而并非将电子视为波。

德布罗意认为"如果将电子视为波，就可以阐述清楚量子化条件成立的理由"。这虽然是德布罗意的一种灵光乍现，但是他却始终没能清晰地说明电子的波和物质的波的具体形态。

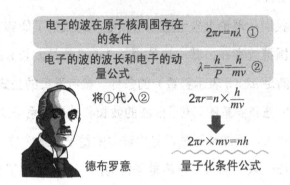

导出量子化条件的公式

电子的波在原子核周围存在的条件　$2\pi r = n\lambda$　①

电子的波的波长和电子的动量公式　$\lambda = \dfrac{h}{P} = \dfrac{h}{mv}$　②

将①代入②　$2\pi r = n \times \dfrac{h}{mv}$

$2\pi r \times mv = nh$

德布罗意　　　　　量子化条件公式

由于电子不能一个、两个地数清楚，因此想要正确地测定一个电子的具体质量，就需要通过各种各样的实验进行测定。这些实验可以有力地证明，电子是极其微小的粒子。想要将这个事实和"电子是波"的观点有效地结合在一起，最好能够描绘出作为波的电子的形态。

德布罗意认为，电子的本质虽然是波，但是看起来却具有粒子的性质。不过建立在这种想法上的理论却并不能很好地成立。如此一来，电子的波究竟是什么样子，还是无法得到明确。为了探寻这个问题的突破口，有关"原子中电子的波"的探索在当时一下子活跃起来。但是探索的结果却是，人们发现电子像"幽灵"一样，有着令人不可思议的"真面目"。

薛定谔方程式的诞生

◆ 天才薛定谔的登场

德布罗意关于电子是波的想法虽然是一个非常大胆的设想，但是当时已经获得诺贝尔奖的爱因斯坦却对德布罗意的观点给予了非常高的评价，并在自己的论文中进行了引用。由于德布罗意最初有关物质波的想法，是受到了"将被认为是波的光看作粒子"的光量子假说的影响，因此倡导光量子假说的爱因斯坦自然非常赞同他的想法。

奥地利的物理学家埃尔温·薛定谔（Erwin Schrödinger，1887—1961 年）通过爱因斯坦的论文了解到了物质波的概念，并对此抱有极其浓厚的兴趣。1926 年，薛定谔发表了计算物质波传导的方程式。人们将其称为**薛定谔方程式**。

通过这个方程式，人们可以计算物质具有何种形态的波，该种波经过时间的变化如何进行传导。薛定谔利用这个方程式，计算出了和玻尔的量子化条件同样的结果，即氢原子中电子的能量以整数倍形式出现。

薛定谔的论文得到了普朗克和爱因斯坦的大力赞赏。薛定谔的理论被称为**波动学**，是描述微观世界运动法则的量子力学（15 页）的基本理论。

◆ 表示物质波的波函数 ψ

薛定谔方程式是量子力学中的基本方程式，请参考下图中的内容。在古典物理学中，有一个专门表示声波或电磁波等波向四周传导的波动方程式。薛定谔的方程式虽然与其非常近似，但事实上却更加复杂。

薛定谔方程式

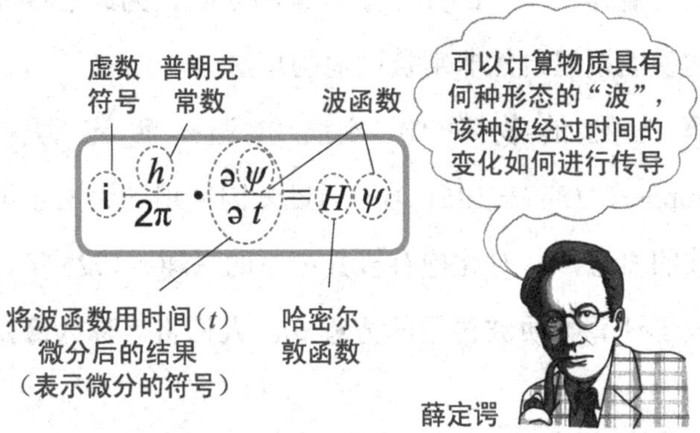

虚数符号　普朗克常数　　　　　波函数

$$i \cdot \frac{h}{2\pi} \cdot \frac{\partial \psi}{\partial t} = H\psi$$

将波函数用时间（t）微分后的结果（表示微分的符号）　　哈密尔敦函数

可以计算物质具有何种形态的"波"，该种波经过时间的变化如何进行传导

薛定谔

想要了解薛定谔的方程式和波动力学的内容，必须具有相当渊博的数学和物理学知识，因此在本书中我们不准备深入讨论。在此，我们只想针对方程式中两个重要的因子进行一下说明。

第一个是因子 ψ（相当于罗马字母中的 y）。这是用来表示物质波的符号。我们将 ψ 命名为**波函数**。

　　另外一个因子是 i，它是用来表示**虚数**的符号。**虚数 i**是指在平方之后为 -1 的数，即 -1 的平方根。虚数的反对数是实数，实数在平方之后会得到一个正数。即便是负数，在平方后也一定是一个正数。与此相反，虚数在平方后会得到一个负数，因此是数学上一个虚构的数，也就是一个凭空想象出来的数（表示虚数的符号 i 来自 imaginary，即"想象的"一词）。

◆ 波函数 ψ 是复素数的波

　　薛定谔的方程式中含有复素数，因此方程式得出的波函数 ψ 即"复素数的波"。

　　古典物理学中的声波或电磁波等的波动方程式中只包含实数，并没有出现复素数，因此，声波或电磁波都是实数的波，它们是比较容易描述形态的波，也是我们身边经常出现的波，理解起来自然比较容易。而作为复素数的波的波函数，也就是物质波，到底是什么样子呢？含有虚数的复素数和虚数一样，属于想象中的数，因此作为复素数波的物质波，是不是也只不过是想象中的波，实际上不应该存在呢？

　　事实上，电子本身毫无疑问是实际存在的。但是，在考虑电子的波的时候，将电子的波，或者说电子本身看作想象中的波，不免有些奇怪。如果薛定谔的方程式只不过是"胡言乱语"的话，就另当别论了。但事实上这个方程式能够正确地验证有关氢原子中的电子能量等实验结果。因此，这个方程式自然就可以表明波函数 ψ 的实际存在。

薛定谔本人认为，波函数 ψ 是实际存在的波。除此之外还有很多人针对波函数 ψ 的物理学含义提出了各式各样的假说。但是，关于物质波的本质人们还没能清晰地说明。

◆ 用图表示波函数

我们周围的波都是实数波，因此，无论是思考还是用图来表示都非常容易。但是，作为复素数波的波函数 ψ，在某种程度上可以被看作不同次元的波，因此，无论是思考还是用图来表示，实际上都是不可能的。

不过，如果我们只将波函数 ψ 的实数部分或虚数部分单独抽取出来并用图来表示，（在原理上）是可能的。下面我们用下页这一简单的图来进行表示。我们可以将其看作从一个侧面拍摄的一个立体物体的影像。想要知道物体真实的形状，必须从各个方向分别拍摄，并且组合在一起；而只从一个方向拍摄的影像，只能从某种程度上概括物体的形状。同样的道理，单独描绘波函数 ψ 的实数部分或虚数部分，只是为了让大家能够对复素数的波有一定的印象。

下页图中用整条波来表示一个电子。横轴（左右方向）

表示电子的波的广度，用来表示电子存在的地方有一定的广度。就像波并不是集中在一点，而是在一定广度上存在一样，电子的波也应该具有一定的广度。

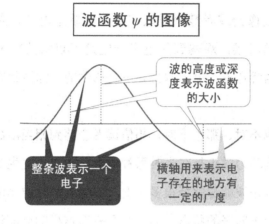

波的高度或深度表示波函数 ψ 的大小。至于这个"大小"究竟表示什么，我们在这里可以不用去考虑。我们只需要理解，电子的波散布于各种各样的场合，根据存在场合的不同，波函数 ψ 的大小也各不相同。可能这样说明读者也会感到一头雾水。总之，大家只需要明确，这张图用来表示当"电子＝波"的时候，一个电子的形态。

◆ 电子以散布状态存在吗？

前面我们提到过，电子的波散布于各种各样的场合。读到这句话，大家是否会产生这样的疑问："这么说，电子的波不是集中在一起的微小颗粒，而是像云或者雾一样，散布在原子核的周围，是吗？"

事实上，这样的想法是不准确的。世界上没有任何一个人见过像云或者雾一样散布存在的单个电子。当我们观测电子的时候，观察到的电子一定是以点状的粒子状态存在的。也就是说，电子本身并不是稀薄的、弥散状态的一种存在。

这也不对、那也不对，相信读者会感到相当混乱。但事实上，波动力学正是在当时那种混乱的状态下诞生的。尽管将电子看作波能够解释很多状况，但是电子波的真面目在当时仍处于不明确的状态。当时甚至有着这样的风凉话："薛定谔虽然总是使用 ψ，但 ψ 到底是什么连他也说不清楚！"

那么，电子波的真面目究竟是什么呢？

这个问题最终被一个看似不可思议的想法进行了解答。我们曾经提到过，量子论的世界是奇妙的仙境，而电子的波的真面目也同样充满了神奇。用一句话来比喻，**电子的波就像"上帝掷色子"一样**。

这个奇妙的想法，正是所谓的**"波函数的概率解释"**。那么，这又是怎么一回事呢？

波函数的概率解释

◆ 电子的波可以一分为二吗？

提出波函数的概率解释的人，是德国物理学家马克斯·玻恩（Max Born，1882—1970 年）。想要理解玻恩的想法，我们需要进行一个"实验"。

假设我们在箱子中放入一个电子并将箱子封闭。如果将电子看作波，作为波的电子在箱子里就应该以舒展分布的状态存在。如果用薛定谔的方程式进行计算，电子的波即便经过了一段时间，在箱子里仍然会以比较均匀的状态分布。

接下来我们在箱子里放入一块隔板，将箱子分割成两个空间。这样一来，电子的波也应该被一分为二。也就是说，如果电子的波像水面的波那样，或者像云彩一样以分散的状态分布，箱子中的波就应该被隔板从中一分为二。

不过，请大家思考一下，我们只向箱子里放入了一个电子，在这种情况下，被隔板一分为二的电子的波，究竟指的是什么呢？难道是半个电子吗？事实上，并没有被切分成一半的电子。因为现在我们已经明白，电子是最小的微粒，即基本粒子中的一种。也就是说，一个电子是不可能再被细分的。

◆ 被一分为二的是概率

即便是在技术先进的今天，人们仍然不能将一个电子任意分割。也就是说，刚才我们提到的实验，只不过是在头脑中凭空想象的思考实验。思考实验指的是，假设没有技术的限制，如果进行这样的实验，设想会得到什么样的结果，主要是为了追求理论上的结果。这种实验的方法在研究微观世界的量子论中，是非常重要的一种方法。

通过这个思考实验可以得出，电子的波具有和其他的波截然不同的性质。也就是说，一个电子的波是不可能分割成复数的。因为人们只能看到一个完整的电子，从来没有见过被分割成复数个数的电子。

让我们从这里出发，来解释玻恩刚刚的思考实验。如果将一个电子放入箱子中，然后在箱子的正中插入一个隔板将箱子分为左右两部分，那么这个电子不是被分到左边，就是被分到右边，不可能出现一个电子被平分成两半，分别存在于左右两边的情况。**那么这时候被分割的是什么呢？它指的是电子究竟被分割到左边还是右边的概率**。也就是说，电子被分到左边的概率是 50%，被分到右边的概率也是 50%，加在一起的概率便是 1（即 100%）。

◆ **波函数用来表示可以发现电子的概率**

玻恩发现，电子出现在左右哪个位置的概率，和波函数之间有着非常深入的关系。1926 年（即薛定谔方程式发表的同年），玻恩发现**波函数 ψ 的绝对值**（见 93 页图中的说明）**平方的结果，和电子被发现的位置的概率成比例**。它的理论被称作"波函数的概率解释"。

玻恩提出的是一个非常实用的想法。换句话说，也就是只重视实用性，而不考虑除此之外的因素。也就是说，不考虑作为复素数的波函数 ψ 在物理上表示的含义，而将 ψ 的绝对值进行平方（这个数值一定是正实数），并认为这个数足以表示"电子被发现的位置的概率"。

这是因为，我们观察电子的时候，发现的一定是作为粒子的电子，即聚集在一点上的电子，而不能观察到像波一样舒展存在的电子。因此，只要关注能否观测到作为粒子的电子的存在、了解电子所具有的能量以及引起的相关现象，就可以用来说明所有的实验结果，所以说玻恩的理论是一个十分实用的理论。所谓理论，只要能够在某种意义上明确地解释实验结果，就可以被视作好的理论。而在实验结果中不会出现的（即我们肉眼看不见的）电子的波究竟表示什么，即便不去关注也没有关系了。

只不过，电子所在的位置并不能进行准确的预测。也就是说，不能断言"电子 100% 出现在右侧空间"，而是要用"有 50% 的可能性出现在右侧""有 50% 的可能性出现在左侧"的概率表述方法。

◆ 波函数的大小和电子的发现概率之间的关系

关于将波函数 ψ 的绝对值平方后，表示发现电子的概率的内容，我们在这里再具体说明一下。

前面我们画出了波函数 ψ 的实数部分（或虚数部分）的波形图，这里要再次对其进行说明。请大家参考下页的图。我们用横轴来表示位置、表示电子的波是以一定广度存在的事实，而纵轴表示波函数的大小。

这时，根据概率解释，波函数 ψ 的绝对值的平方和在该位置发现电子的概率成比例。这就相当于图中表示的波的振幅（高度和深度）平方后和表示该位置发现电子的概率成比例。

例如，我们假设图中经过 B 点位置的波的振幅，是经过 A 点的波的振幅的两倍。这时如果实际观察电子，就会发现电子在 B 点位置的概率是在 A 点位置的概率的 4 倍（2^2=4）。

另外，经过 D 点位置的波的振幅和 A 点大小相同（不考虑高度和深度的差别，只考虑大小，即绝对值），这时概率是完全相同的。而经过 C 点的波的振幅为零。这时，在 C 点发现电子的概率就是零。

这样一来，我们能否在"某个位置"发现电子，就受到经过该位置的波的振幅，即波函数 ψ 的值的影响。ψ 的**绝对值越大的位置，在这一位置发现电子的概率就越高。**

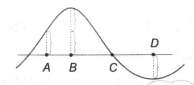

波函数是概率的波

如果电子在 *A* 点被发现的概率是 10%:
* 电子在 *B* 点被发现的概率是 40%
* 电子在 *C* 点被发现的概率是 0
* 电子在 *D* 点被发现的概率是 10%

将作为复素数的波函数的绝对值平方，它与在该位置发现电子的概率成比例

玻恩

──<参考>绝对值──

* 当 *a* 为实数时，如果 *a* 是正值或 0，那么 *a* 的绝对值就是 *a* 本身；如果 *a* 是负数，那么 *a* 的绝对值就是 $-a$。
    例：5 的绝对值是 5，-5 的绝对值是 5
* 复素数 $a+bi$（*a*、*b* 是实数，i 表示虚数）的绝对值为 $\sqrt{a^2+b^2}$
    例：$3+4i$ 的绝对值是 $\sqrt{3^2+4^2}=5$
* 将复素数 $a+bi$ 在右图（该图称为复数平面）上进行表示的时候，复素数的绝对值相当于粗斜线的长度

◆ 位于不同位置状态重合的电子

玻尔和其后的一些年轻学者吸取了波函数的概率解释，发表了**"我们观测电子的时候，电子的波会发生收缩"**的观点。尽管这个观点非常令人不可思议，但是却被当时的多数物理学者认同，成为了当时量子论的主流认识。

让我们来说明一下这个观点。首先，电子的波在收缩之前，我们认为波处于舒展存在的状态。但是，我们却无法观测到电子这种像波一样的存在状态。在这里，玻尔等人认为，**在我们不去观测的时候，电子像波一样以舒展的方式存在**。并且在这时，电子处于**重合的状态**。也就是说，电子的波舒展存在的时候，是电子在某个位置的状态和在其他位置的状态的重合状态（也可以说是共存状态）。如果用本页的图进行说明，相当于电子在 A 点的状态或在 B 点的状态等不同位置状态重合的状态。（只是在 C 点的状态不会重合。因为在波的振幅为零的位置，电子不会存在）。

以上说法并不等同于电子同时既存在于 A 点又存在于 B 点；也不是指电子存在于 A 点或 B 点之一，但不能确定究竟存在于哪一点。它指的是一个电子位于 A 点的状态和同一个电子位于 B 点的状态，在同一个电子中发生重合（共存）。

这个"重合"的概念理解起来的确有些困难。"重合"一词在英语中是 superposition，用英语理解起来也许会更加明了。当电子的波舒展存在的时候，电子超越了通常的位置（position），变为了"超位（superposition）"的状态。

◆ 观测的时候电子的波发生收缩

在我们不观测电子的时候，电子的波呈舒展存在的状态，这时电子处于重合的状态。而电子的波的舒展状态，可以用薛定谔的方程式进行计算。但是，只要我们一对电子进行观测，电子的波就会在瞬间发生收缩，舒展存在于各个位置的波会收缩到某一个位置。

我们可以用下页的图来进行表示。位于 A 点或 B 点等不同位置舒展存在的波，在我们对电子进行观测的瞬间，会收缩到一点（例如 B 点）。这样一来，这个电子便处于重合状态，即只存在于 B 点一点的状态。这是因为经过 B 点以外的位置的波函数的大小（波的振幅）如果数值为零，在 B 点以外发现电子的概率也为零，这时电子在 B 点被发现的概率是100%，也就是说电子只存在于 B 点。

电子的波究竟收缩到哪个位置，即电子的波会在哪里被发现，存在着确定的概率。也就是说，可应用波函数的概率解释，即和波函数 ψ 的绝对值的平方成比例。

电子的位置虽然存在着确定的概率，但是它的含义却并不是指电子的位置到底在哪个位置可以确定，我们只能对其概率进行推定。也就是说，**电子的发现位置就像由掷色子来决定一样，存在着一定概率（即偶然的因素）**。这是玻尔等人的观点。

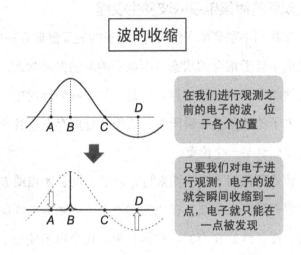

波的收缩

在我们进行观测之前的电子的波，位于各个位置

只要我们对电子进行观测，电子的波就会瞬间收缩到一点，电子就只能在一点被发现

当我们放弃观测，电子的波会开始舒展，电子重新回到重合状态。但是，当我们再次准备观测电子的时候，电子的波又会发生收缩，电子再度只能在一个点被发现。

当我们把脸转过去的时候，电子就会以我们不知道的状态舒展开，而如果我们想看到它们转过头的时候，电子的波会瞬间收缩，电子就只能在一点上被发现。

◆ 看不见的波不要去考虑

当大家听到"电子的波的收缩"时，产生了什么样的想法呢？会不会觉得"也就是说电子的波在我们想要观测的时候就会收缩，所以我们根本没法看到作为波存在的电子。这听起来真是牵强！"可能也会产生这样的疑问："为什么我们一观测，电子的波就会收缩呢？"这些围绕着观测的作用和含义展开的问题，是考虑量子论的过程中非常重要的主题，具体的解释请见第四章及之后的内容。

在这里我们想再次强调一下，我们一定要首先明确"如果我们想观测电子，电子一定只能在一点上被观测到"这个事实。另一方面，薛定谔的方程式能够明确地解释原子中电子的能量等问题，用该方程式也能正确地解释本质不明确的电子的波（波函数 ψ）的舒展存在，这也是不可动摇的事实。

连接这两个事实的方法正是波的收缩。谁都无法看到舒展存在的电子的波，在我们想要观测它的时候，因为一些尚不明确的理由它发生了收缩。电子一定会在一点上被观测到。用这个方法进行解释的话，条理就会比较清晰。另外，发现电子的位置有一定的概率，也可以根据波函数进行预测。由此也可以针对"我们眼睛能够看到的在一点上存在的颗粒状的电子"的位置和动量以及能量等状态进行清晰的说明、预测，这是十分必要且充分的，因此应该没有任何问题。

而谁都没有见过的电子的波，像幽灵一样存在着。如果对此过度讨论，事实上是在做无用功。科学是以实际的现

象为基础的，不能作为现象呈现的电子的波，或者波的收缩
等问题，在科学上不进行讨论，只需要解释为"应该如此"
即可。

◆ 量子论的主流——哥本哈根解释

以波的收缩和概率解释作为两大主要支柱，用我们观
察前的电子和观察后的电子进行解释的方法，称为**哥本哈根
解释**。这是前面介绍过的玻尔及其学生组成的团体所提倡的
方法。

玻尔的研究所设在他的祖国丹麦的首都哥本哈根，他的
周围有一批有着优秀头脑的年轻才俊。他们继承了导师玻尔
的理论，并在此基础上进行了一系列具有超越性和革新性的
研究。从第四章开始，我们将会主要介绍他们的活动。总之，
通过他们的工作，古典物理学无法说明的电子及微观世界粒
子所呈现出的现象得以解释，并使得预测这些现象成为可能，
而哥本哈根解释也成为现在量子论的主流思考方式。

◆ 明确微观世界的物理法则

在第三章中，我们介绍了很多的内容，最后我们来整理
一下这一章中的重点。

① 为了找出玻尔的量子化条件的根据，即原子中的电子

的轨道半径只限于整数值，德布罗意认为电子是波，并求出了波长。

②薛定谔发表了表示电子的波的薛定谔方程式，成功地说明了电子的整数倍能量状态。

③薛定谔方程式表示的波函数 ψ，即电子的波（复素数的波）的本质尚不明确。

④玻尔不考虑波函数 ψ 到底表示什么，代之将 ψ 的绝对值进行二次方，得出发现电子在某一位置的概率与其成比例（波函数的概率解释）的结论。

⑤玻尔等人认为，观测前的电子处于各种位置的状态属于重合状态，我们想要观测电子的时候，会发生波的收缩，电子只能在一点被发现（哥本哈根解释）。

这样，在 20 世纪 20 年代，终于出现了一系列的理论，来解释原子中的电子所呈现出来的不可思议的现象。其结论可表述为，**电子等微观世界的物质，被一些和我们熟知的内容截然不同的物理法则所支配着**。

新法则中的第一项，就是以薛定谔方程式为代表的波动力学（量子力学）。微观世界的物质可以被视作波，其行动（动作或能量）可以求得。

另外一项法则就是概率。我们发现电子的位置，就像掷色子一样，在概率上可以进行确定。

◆ 反对概率解释的爱因斯坦等人

在这里存在问题的是第二项法则中的概率，即波函数的概率解释。普朗克、爱因斯坦，以及德布罗意、薛定谔等众多物理学家，都不赞成波函数的概率解释。

薛定谔作为波动力学的创始人自然无需多言，在前面我们曾经提到过，普朗克、爱因斯坦等人已经承认了"第一法则"。但是，他们却对第二法则表示了异常激烈的抵制。这是因为，他们认为，**如果将概率之类的原理引入物理学中，那么物理学就再也不属于"决定论"的范畴了。**

将物理学视为决定论，简单来说，指的就是如果在过去的某个时间点上条件已经完全确定，那么所决定的未来就只有一个。例如，如果在手中的球离开手的瞬间，能够明确球所做的运动的种类，那么就可以正确地预测球和地面的距离，以及地球的引力等。同样的道理，还可以计算出明天地球在围绕太阳进行公转的过程中所处的轨道的位置，以及太阳的引力和太阳与地球之间的距离，等等。

但是，当球落到地面的瞬间，有可能刚好刮过一阵风；一个小时后，小行星有可能撞击地球，导致地球的位置发生改变。就算我们可以将所有的因素全部掌握，能够决定未来的仍旧只有一个。这就是决定论的思考方式，而且，**表现自然现象的物理学必须是决定论的，这是自牛顿以来的物理学**

的大前提。

◆ 微观世界的未来由掷色子决定吗?

如果引入概率的思维方式，就算具备再完备的条件，未来也不能确定仅为一个。电子可能在 A 点被发现，也可能在 B 点被发现。如果明确了在某一点发现的概率，就可以认为在这一点（如 A 点）发现的可能性较高。但是，即便明确了概率，在 B 点也仍然有可能发现电子。也就是说，电子的未来"既可能在 A 点被发现"，又可能"在 B 点被发现"，未来究竟会怎样，并不能明确地决定，也就只能"听之任之"。

那么，微观的自然现象真的是决定论的反面，即概率论吗？至少我们身边的自然现象（宏观的自然现象）可以被视为决定论。离开手的球如果既有可能落到地面上，又有可能飞到天上，而究竟结果会如何，只能靠掷色子来决定，那么所有人一定会觉得不可思议。这是因为在某种程度上来说，通过掷色子来决定应该是无规律可循的。所谓的法则，指的是在同一条件的情况下，只能有同一结果的规律。

如果我们这样说："电子在哪个位置被发现，究竟哪个法则起第一决定作用呢？目前我们还不能明确。但是，在哪个位置发现的概率（也可以称为误差范围）我们却可以知道。"也许会更容易让人明白。但是，未来却并非如此，而是"未来只能由概率来决定"。也就是说"究竟在哪里被发现，其位置只能从概率上知道"。

未来靠掷色子决定？

上帝才不会玩儿掷色子游戏

下一个电子出现的位置……如果掷出 1 点的话，就在 *A* 点发现

爱因斯坦

◆ 上帝不喜欢掷色子游戏

提倡相对论的爱因斯坦，对自然现象属于决定论深信不疑。他曾经说过一句名言："**上帝不喜欢掷色子**"。对于概率解释的支柱即哥本哈根解释（也就是正统的量子论），爱因斯坦一直持批判观点。需要注意的是，爱因斯坦是无神论者，这里所说的"神"指的是斯宾诺莎的神，也就是决定所有自然现象的终极的原理、真理。

那么，针对爱因斯坦等人的主张，量子论是如何回应的呢？微观的世界真的是由概率论决定的吗？相信大家在阅读了第三章之后，心中一定产生了各种各样的疑问。

　　——电子真的具有波的性质吗？

　　——没有被观察的电子处于重合状态的时候究竟是什么样子呢？

　　——为什么电子的波在观察的瞬间会发生收缩呢？等等。

　　在接下来的第四章和第五章，我们将会一边解答这些疑问，一边探寻量子论的本质。

第四章

探求自然本来的面貌

逼近量子论的本质

引　言

第三章中，我们针对量子论中的微观世界的物理法则进行了说明。在第四章中，我们将对此内容进行更加详细的介绍。

一直被认为是微小粒子的电子，事实上却是波！——这个事实本身就给人留下了非常深刻的印象。但是，事情却并没有就此结束。微观物质是波的事实，从根本上彻底颠覆了我们常识中的物质观和自然观，在我们面前展示出了异常奇妙的自然的真实面貌。

第四章的重点为以下 3 点。

① 电子的双狭缝实验告诉了我们什么？

② 量子论中的观测行为究竟意味着什么？

③ 不确定性原理指的是什么？此外，量子论揭示的自然本质上的不确定性又是什么？

第三点可以看作量子论的奇妙的自然观，也是爱因斯坦一直拒绝接受的理论。此外，还有爱因斯坦和量子论之间的 EPR 悖论等内容，请大家尽情体会其中的乐趣吧！

电子有两张"面孔"

◆ 电子真的是波吗?

在第三章中,我们介绍了一直以来被认为是粒子的电子,事实上是一种波,并针对电子的行为(动作和能量等)方法,也就是量子力学进行了说明。但是,电子真的是一种波吗?为什么我们一次都没有见过作为波出现的电子呢?

针对呈现波的状态的电子无法被观测的原因,玻尔等人提出了波的收缩的解释。这一解释道理浅显,获得了巨大的成功。不过,这个解释也被认为过于省事了,认为想看的时候却看不到,岂不是太过牵强了吗?

"当我们认为电子是波的时候,可以说明电子的行为",这样的说法,只不过是证明电子是波的间接证据。电子的本质是微小的粒子,在考虑它的行动的时候,被认为仅从计算手法上被看作是波。

因此,为了做出科学的结论,就需要找到电子是波的决定性证据。也就是说,提出能亲眼看到的电子是波的证据。

那么,真的存在这样的方法吗?电子真的是波吗?

◆ 展示电子具有波动性的实验

1927 年，即薛定谔公式和波函数的概率解释发表之后的第二年，美国的物理学家克林顿·约瑟夫·戴维逊（Clinton Joseph Davisson，1881—1958 年）和莱斯特·H. 革莫（Lester H. Germer，1896—1971 年）最终通过实验确认了电子的确具有波的性质（波动性）。

两个人为了研究镍金属结晶的构造，向镍金属的表面发射倾斜的电子束，并对其反射现象进行观察。结果，他们发现了反射的电子束是波的证据——干涉现象。

戴维逊和革莫观测到，当电子束照射到镍金属表面的时候，镍原子结晶的第一层或第二层会出现反射。这两层的反射电子束发生重合，根据波的波峰和波谷的重合情况，有的时候波的振幅会增大，有的时候波的振幅会发生抵消即干涉现象。其结果表现为，既有可能观测到数量众多的反射的电子，也有可能基本观测不到电子（电子束或强或弱）。

同样在 1927 年，英国的物理学家乔治·佩吉特·汤姆逊（George Paget Thomson，1892—1975 年）进行了一个实验，他使用电子束照射金属的薄结晶膜，成功观测到了干涉条纹（明暗的条纹，见 26 页）。汤姆逊凭借这一成就，与戴维逊一起获得了 1937 年度的诺贝尔物理学奖。

顺便说一句，乔治·佩吉特·汤姆逊正是发现电子的约瑟夫·约翰·汤姆逊的儿子（见 52 ~ 53 页）。父亲老汤姆逊发现了微观粒子电子，并因此获得了 1906 年度的诺贝尔物理学奖。儿子则证明了电子是波的事实，同样获得了诺贝尔物理学奖，实在是难得的美谈。

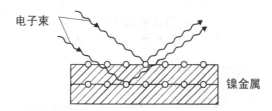

根据镍原子结晶层发生反射位置的不同，发射的电子束或强或弱。这就是电子束发生干涉的证据

◆ 电子出现的干涉条纹

在第一章中，我们介绍过光的干涉条纹双狭缝实验（24 ~ 26 页）。在下面的实验中，用电子代替光，以确认电子的波动性。在过去也曾经有科学家反复进行过若干次这个实验。下面我们来介绍这个实验的具体情况。

首先准备用来发射电子束的装置——电子枪，并朝向投影板。投影板上涂有荧光物质，被电子照射的位置会发光。

在电子枪和投影板中间，放置一个有双狭缝的板子，然后使用电子枪发射电子束。

开始的时候，即发射的电子数量较少的时候，能够在投影板上看到下图 A 中所示的稀疏的光点。当电子的发射数量逐渐增多以后，就会出现图 B 中具有明暗变化的条纹。最终会像图 C 中所示，出现非常清晰的干涉条纹。

电子的双狭缝通过实验

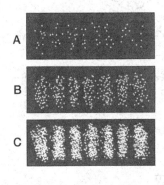

当发射的电子数从 A 到 C 逐渐增加时，投影板上就会出现干涉条纹

干涉条纹中较亮的部分，表明电子的数量较多；而较暗的部分，则表明电子的数量较少。也就是说，投影板上之所以出现干涉条纹，是因为电子枪发射出来的电子像波一样通过双狭缝，并投射在了投影板上。如果电子像普通的枪的子弹一样，也就是说作为颗粒通过双狭缝的话，投影板上应该只出现两条细长的光带。

◆ 一个电子也具有波的性质

如果我们仔细观察上图会发现，当发射较多的电子时，即图 C 的情况下，会出现干涉条纹；但是如果像图 A 那样，电子数量较少的时候，出现的状态就不能被称为干涉条纹。那么，这样的事实是不是表示一个一个的电子不具有波的性质，只有在一定数量以上的电子集合才能显现出波动性呢？我们以声波为例，声波是空气中的氮分子和氧分子集合运动时产生的波动，而空气中的一个一个的分子本身却不具有波的性质。那么，电子的波动性是不是也具有相同的性质呢？

在接下来的实验中，我们将电子束的强度调到极低的水平，让电子枪只能够发射一个电子。当这个电子到达投影板上的时候，再发射下一个电子。通过这个实验，我们就可以观察到单个电子的行动方式。

这个实验的结果和刚才实验的结果从图 A 到图 C 出现的现象完全一致。通过这个实验我们可以发现，电子的波动性并不是集团运动所产生的结果，而是单个电子具有的性质，只不过单独的一个电子无法描绘出干涉条纹。因为一个电子在投影板上只能描绘出一个微小的点，只有数量较多的单个点的像重合在一起，才能够呈现出作为波动性证据的干涉条纹。

111

◆ 电子是和自身发生干涉了吗?

请大家思考一下! 干涉现象是两个波发生重叠时产生的现象。但是在第二个实验中, 电子却是一个个发射出来的。那么, 单个的电子如果具备波的性质的话, 要如何发生干涉呢? 到底是什么发生了干涉呢?

这个问题的答案非常奇妙, 也许会超出我们的理解能力, 即**电子通过双狭缝左侧狭缝的状态和电子通过双狭缝右侧狭缝的状态发生干涉**。换句话说, 电子在通过左侧狭缝的同时, 也会通过右侧的狭缝, 二者发生干涉, 即**电子和自身发生干涉**。

第三章曾经介绍过, 我们在观测电子之前, 电子处于位置分散的重合状态。同样的道理, 通过双狭缝之后的电子会出现电子通过双狭缝左侧狭缝的状态和电子通过双狭缝右侧狭缝的状态重合的状态。就像两个波在重合时会发生干涉一样, 一个电子的两个状态在发生重合的时候, 电子的状态也会产生干涉现象。

◆ 电子的到达位置可以进行概率预测

那么, 通过左右双狭缝的状态重合的时候, 发生干涉现象的单个电子会到达投影板上的哪个位置呢? 相信直觉灵敏的读者应该可以猜到, 在这里, 波函数的概率解释可以登场了！也就是说，电子会出现在投影板上的哪一点，这个位置可以使用波函数进行概率上的预测。

当电子到达投影板的时候，我们可以观察到电子的形态以及位置。我们观察到的电子的波会发生收缩，便可以在投影板上发现某一个点。能够计算出这一点到达位置的概率的方法，就是波函数的概率解释。

此外，出现在投影板上的干涉条纹，也表示了电子容易到达的位置的概率分布。也就是说，条纹明亮的部分是电子到达概率较高的部分。因此，不论是数量众多的电子一次性发射，还是一个电子多次发射，该位置都会集中更多数量的电子。

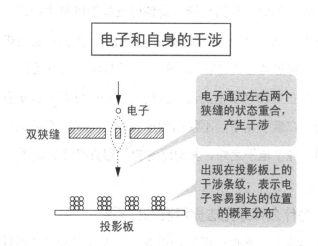

电子和自身的干涉

电子

双狭缝

电子通过左右两个狭缝的状态重合，产生干涉

出现在投影板上的干涉条纹，表示电子容易到达的位置的概率分布

投影板

◆ 电子是像"双重人格"一样的存在吗?

电子的双狭缝实验是电子具有波动性的有效证明,更确切地说,这一实验证明了电子是波。另外,我们发现了电子重合的一点,并且可以测定出一个电子的质量和速度等。这样的电子呈现出我们所熟悉的微小粒子的形象。

综合以上的内容,人们终于认识到,**电子既具有粒子的性质,也具有波的性质,也就是像"双重人格"**。

但是,既是粒子又是波的存在究竟是什么样的状况呢?在这里我们需要强调:电子的个数可以数清,因此可以称之为粒子,但是它却和我们通常脑子里所想的粒子截然不同,同时具有波的性质。这样的描述方式可能更接近于电子实际的面貌。因此,我们只能尽量使用近似的语言来描述,实际上电子究竟是不是具有波的性质的粒子,我们不能清晰地说明。这样思考会更加容易理解,但是却没有任何证据。

在古典物理学中,没有任何具有波的性质的粒子存在。但是,在量子论中,不仅明确地说明了电子具有波动性,还阐明了**除了电子之外,其他所有物质都具有波的性质**。

◆ 为什么棒球无法显示波的性质?

事实上,我们周围的物质却完全没有显示出波的性质。前面我们介绍了用电子枪发射电子的实验,那么,如果我们用真正的枪发射子弹并且通过双狭缝，子弹的痕迹并不会在投影板上描绘出干涉条纹。这又是为什么呢？

这是因为，**我们周围体积大的物质所具有的波，波长非常短，且波会发生收缩，这样的物质无法清晰地显现出波的性质**。物质具有的波，也就是说物质波的波长，使用第三章79页中介绍的德布罗意的公式可以进行计算。如果用这个公式计算棒球投手投出的球所具有的波长，得出的结果大概是10^{-33}米。这个数值比原子的大小（10^{-10}米左右）还要小得多。另外，物质波具有这样一个性质，即波长越短，波动宽度越小。因此，棒球所具有的波几乎不具有宽度，基本上处于收缩于一点的位置。

电子的波具有宽度，只有在相应的宽度上，电子才有可能在不同的位置被发现。针对这一点，棒球所具有的波几乎收缩在一点上，我们说棒球位于一点上，也没什么问题。严谨地说，宽度极其微小的波，在考虑棒球运动的过程中，这一大小几乎可以忽略不计。另一方面，电子本身是极其微小的，相比之下，波就比较大了，因此在考虑电子运动的时候，就无法忽视位于不同的位置这一因素了。

◆ 宏观世界也会呈现波的性质

一般来说，物质能够明确显现出波的性质，是在构成原子的电子、中子、质子等基本粒子的世界，也就是大小在 10^{-10} 米以下的世界中。这是比纳米技术中的纳米世界（1 纳米 $=10^{-9}$ 米）更加微小的尺度单位。而在和原子大小相同或大于原子的世界中，波的性质基本上不会显现出来，可以按照古典物理学中的粒子的方式思考其运动特征。

但是，在大于原子的宏观世界中，也会显现波的性质，其中的一个例子就是**玻色 - 爱因斯坦凝聚**现象。这个现象指的是，在极低温的环境下，多个原子的波会发生重合，变为一个超原子进行运动。这是印度的物理学家玻色（Bose，1894—1974 年）和爱因斯坦在 1924 年提出的假设，并且此后通过氦气在极低温下的超流动现象进行了确认。更加详细的内容我们将在第六章中进行介绍。

此外，通过多个狭缝的物质波发生干涉作用产生干涉条纹的现象，随着实验装置的改进，也被发现，是原子本身及多个原子聚集在一起组成的分子等更大的物质。1999 年，澳大利亚的韦恩大学团队成功地完成了由 60 个碳原子构成的足球形状的 C60 分子的干涉条纹。这个实验证明了 60 个原子组成的物质同样具有波动性，是一个划时代的大发现。

无论多么大的物质，归根结底都是由微观物质集合在一起组成的。微观和宏观之间应该不存在明确的界限，大自然

本身是持续存在的。因此，相信人们今后一定能够观察到更
大的物质所具有的波的性质。

不确定性原理

◆ 电子真的能通过双狭缝吗?

前面我们介绍过的电子的双狭缝实验中，如果各位有一
些不明白的地方，相信一定是以下的内容。

"**一个电子通过左右两边的狭缝，这是真的吗?** 由于电
子是波，所以可以通过两边的狭缝，听起来总是觉得有些牵
强，心里总觉得有些难以接受。"

大家心里的疑惑当然是可以理解的。映在投影板上的干
涉条纹，就是电子的波动性不可动摇的证据，尽管它代表着
电子通过了两边的狭缝，但是这一事实以我们的常识来看，
终究还存在一些无法全部理解的部分。

针对这个问题让我们进行彻底的解释。也就是说，让我
们来测定一下电子究竟如何通过狭缝。我们通过实验，来确
认一下电子究竟是从左右两侧的狭缝通过，还是只从其中一
侧的狭缝通过。实验的结果就是证明这个问题的有力证据。

这个实验由美国物理学家理查德·菲利普·费曼（Richard
Phillips Feynman，1918—1988 年）设计，不过这个实验并不

是实际的实验，而是在头脑中进行的思考实验。费曼提出了
"路径积分"这一独特的量子力学方法，为量子论的发展做
出了巨大的贡献，他和日本的朝永振一郎博士一起，获得了
1965 年度的诺贝尔物理学奖。除了物理领域之外，费曼还涉
足文化领域，并写了很多面向一般读者的著作。

◆ **想要预测电子的通过位置会发生怎样的情况？**

费曼的思考实验方法如下。

为了测定在电子的双狭缝实验中，电子究竟通过了哪一
侧的狭缝，需要在投影板的内侧设置一个观测器。这个观测
器会发出光，当电子通过的时候，电子和光（这时可以将光
视为具有粒子性质的光子）发生冲突，会扰乱光线，因此可
以知道电子的位置。

那么，电子真的通过了双侧的狭缝吗？根据费曼的实验
结果，电子只通过了其中的某一侧狭缝。那么，电子通过双
侧的狭缝的结论是错误的吗？不，事实并非如此！因为费曼
在设计实验的时候还认为**当进行这个实验的时候，投影板上
应该不会出现干涉条纹。因此电子当然只通过了其中一侧的
狭缝**。

那么，为什么投影板上不会出现干涉条纹呢？这是因为
从观测器发射出来的光子会和电子发生冲突，扰乱电子本身

的运动。这样一来，电子便不再是可以在投影板上描绘出干
涉条纹的状态，因此便不会产生干涉条纹。

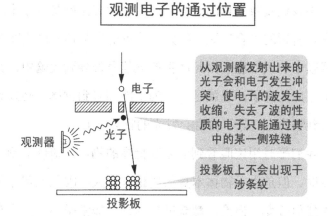

观测电子的通过位置

从观测器发射出来的
光子会和电子发生冲
突，使电子的波发生
收缩。失去了波的性
质的电子只能通过其
中的某一侧狭缝

投影板上不会出现干
涉条纹

电子

光子

观测器

投影板

换句话说，**当我们想要观测电子通过哪一边的狭缝的时
候，我们设置发射器发射出的光子在接触到电子的瞬间，电
子的波便会发生收缩**，这样一来，我们便无法观测到集中在
一点上的电子。因此，失去波的性质的电子就只能通过其中
一侧的狭缝，便不会在投影板上出现干涉条纹。

不过，这个实验的结果并非不能解答最初的疑问，即电
子是否真的通过了两侧的狭缝？我们可以这样设想，即通过
观察投影板上映出的干涉条纹，我们可以假设，电子在我们
没有进行观测的时候，通过了双侧的狭缝。

◆ 微观世界受到的观测影响

费曼的思考实验表明，我们对微观世界进行的观测行为，会对观测对象产生不小的影响。

当我们观察物体的时候，最常见的方法就是直接用眼睛观察。所谓的"看"这个行为，是反射在物体上的光刺激了视网膜中的视细胞，由此产生的电信号传导到大脑中，并且产生相应的意识。也就是说，为了能够看到物体，必须有光照射到物体上（除了自身会发光的物体外）。

我们平时用肉眼看到的宏观世界的物体，即便受到了光的照射，但是由于物体本身的质量非常大，因此位置也不会发生任何改变。但是，微观世界的物质非常微小，为了观测微小物质的位置，对其进行光照的话，光的能量会影响微观物质，导致无法确定微观物质原本的位置，或是导致物质的运动方向发生改变。也就是说，即便我们想要观察微观世界，也无法准确、持续地观察到对象在观测之前的状态。

这个问题不仅限于看。举例来说，假设有一个盛水的杯子，如果想要知道水的温度，我们就需要在水中插入温度计。当温度计指示为 20 摄氏度的时候，我们一般都会认为"插入温度计之前的水温也是 20 摄氏度"。但答案却是否定的！这是由于温度计插入水中的行动本身也有可能引起水温的变化。如果温度计本身的温度只有 0 摄氏度的话，插入温度计之后的水温就会稍稍下降，最后观察到的 20 摄氏度的结果就不是原来的水温。

如果我们想要测定大量的水，例如海水的温度，我们当然可以忽略温度计本身的温度。但是，如果我们只测量一滴水的温度，结果就大不相同了。也就是说，对象越小，观测行为对对象状况的影响也就越大，因此就越难准确地知道观测前的状态。

◆ 微观世界不可避免的不确定性

在观测微观世界的时候，观测行为本身会对观测对象产生影响，导致对象发生变化。但是，如果能够提前对观测行为产生的影响进行精密的计算，并从观测结果中将这些影响因素去除掉，就有可能正确地得出观测前的状态。

不过，在微观世界中的物质表现出了极强的波的性质，因此存在绝对不能避免的观测结果的不确定性。这种不确定性是微观世界存在的原理上的、本质上的不确定性。在量子论带来的影响中，这一性质也被认为是最具冲击力的内容。

发现微观世界不确定性的是德国物理学家沃纳·卡尔·海森堡（Werner Karl Heisenberg，1901—1976 年）。海森堡也是为量子论的确立做出巨大贡献的物理学家之一。1925 年，刚刚完成博士论文的年轻的海森堡就在波动力学的确立上做出了极大的贡献，他用另一种方式获得了在量子力学领域的成功。海森堡在计算方法中使用了数学中的矩阵，因此他的理论也被称为"**矩阵力学**"。

虽然波动力学和矩阵力学应用的数学方法不同，但后来经过薛定谔的验证，证明两者事实上属于同一理论。由于矩阵力学比波动力学的计算更加复杂，因此在计算具体事例的时候，大多使用波动力学；而在应用量子力学的一般理论时，矩阵力学则更加适用。

◆ 位置和动量无法同时确定

1927 年，海森堡发表了微观世界具有不可避免的不确定性的**不确定性原理**，其内容如下。

"当我们测定某个物质的'位置'和'动量'的时候，无法同时将两者确定为一个数值，它具有不可避免的不确定性"。

海森堡用下页的公式来表述他的不确定性原理。公式中的 Δ（希腊字母，相当于罗马字母中的字母 D）是表示不确定性幅度（程度）的符号。Δx 表示位置的不确定性的幅度，ΔP 表示动量（＝质量 × 速度）的不确定性的幅度，这两者的乘积大于等于普朗克常数 h；反过来说，二者的乘积绝不可能小于普朗克常数 h 或等于 0。

当我们测定宏观世界中物质的速度或位置的时候，可以忽视普朗克常数 h 的误差。但是，对于微观世界的物质来说，这个数值却有着不可忽视的重要影响力。例如在原子中的电子，我们无法正确记述在某一时刻它位于哪里和以什么样的速度运动。

不确定性原理

$$\Delta x \times \Delta P \geqslant h$$

Δx：位置的不确定性的幅度
ΔP：动量的不确定性的幅度
h：普朗克常数

微观世界具有不可避免的不确定性，不能确定所有的一切

海森堡

◆ 受到波函数影响的电子的位置和动量

不确定性原理是从薛定谔方程式中推导出的结论之一。也就是说，当我们将电子看作波的时候，电子的位置和动量存在着不可避免的不确定性。在确定它的同时，让我们来具体讲述一下不确定性原理的内容。

薛定谔方程式表示的电子的波，即波函数 ψ 是复素数的波。我们可以像 85 ～ 86 页中描述的那样，将实数部分提取出来进行表示。前面已经说明过，这时的横轴部分表示电子的存在位置的广度。

那么，不确定性原理中的另一个要素动量应该如何表示呢？动量可以通过"质量×速度"求得，由于电子的质量是确定的，所以只要知道运动的速度便可以求出动量。这个速度可以表示为将电子的波分解为"正弦波"时的一个个波的波长。

这部分内容可能理解起来有一定的难度。在自然界中的所有波，都是由作为基本波的正弦波重合在一起组成的。正弦波可以用一种被称为"简谐振动（simple harmonic oscillation）"的波形来表示，形状如 127 页的图所示。简谐振动中一个具有代表性的例子就是弹簧的振动。在弹簧的一端稍稍增加一些力，让弹簧下垂，然后松开手，这时弹簧就会上下振动，这种振动方式就是简谐振动。

正弦波的波长和振幅都是变量，因此它们组合的结果是能够产生无数种形状复杂的波。人们运用这个原理，发明了电子合成乐器。电子合成乐器通过电子振动器产生各种正弦波的声波，再将它们组合（合成）起来，从而模仿出钢琴、吉他等不同乐器的声音。

◆ 在那里可以成立的在这里却不能成立

让我们回到不确定性原理的话题上来。电子的位置的分布可以用波的宽度状况来表示，电子的速度分布则可以表示为将波分解成正弦波时的一个个波的波长。让我们先来理解一下这两个概念。它们表示，波长越长，电子的运动速度也就越慢；并且，和位置一样，电子的运动速度也会组合成各种各样的速度的状态。

那么，最初在可以确定电子运动速度的情况下，电子的位置应该如何表示呢？当电子的运动速度确定的时候，电子的波可以表示为一条正弦波。这时，波在横轴方向可以无限延展。也就是说，当电子的运动速度确定的时候，电子具有可以存在于接近无限位置的可能性，因此它究竟位于哪一个位置，我们便无法确定地知道。

接下来，当电子的位置能够确定的时候，又是怎样一种情况呢？这个状态就相当于我们观测电子的时候，电子的波发生收缩的状态。在这里我们省略理论上的说明，大家需要了解的是，当合成这种特殊波形的时候，有必要重合无限个种类的正弦波。也就是说，当电子的位置能够确定的时候，电子的运动速度就会产生无限的可能性，因此速度便无法确定。

这样一来，当电子的位置确定时，动量（速度）便无法

125

确定；而当动量确定的时候，位置则无法确定。只要将电子视作波，就不可避免这种不确定性。这就是不确定性原理所揭示的内容。而位置和动量的不确定性幅度的乘积一定大于等于普朗克常数。这个结果是从薛定谔方程式中推导出来的。具体的推导方法在这里我们不作过多的介绍。

◆ 自然的本质是不确定的

不确定性原理揭示了电子等微观世界的物质的位置和动量无法同时确定的属性。这里有一点大家不要误解，我们所要强调的，并不是位置和动量不能同时没有误差地进行测量。这里的问题不是测量的精度，而是作为微观世界物质的性质，在某一时刻，物质的位置和动量只能确定二者之一。也就是说，物质随时具有不明确的位置或动量。这个特点彻底颠覆了我们一直以来所持有的物质观和自然观的根基。

自牛顿以后，物理学家对物质世界的认识，一直是只要确定了最初的条件，就可以确定之后的物质的状态和运动。例如，关于一个物质在某一时刻所处的位置，只要我们在最初能够确定它以何种速度运动这个条件，这个物质之后的运动都能够机械地确定出来。在第三章的最后，我们曾经介绍过它，也就是"物理学的决定论考虑"（100页）。作为物理学研究对象的自然现象，一直被人们理所当然地认为是一种真理。因此，人们也认为阐释这种真理的物理学，也应该毫无疑问地适用于决定论的思考方法。

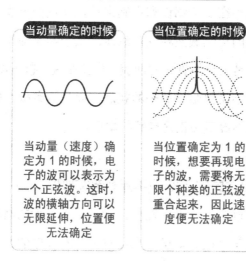

位置和动量无法同时确定

当动量确定的时候

当动量（速度）确定为 1 的时候，电子的波可以表示为一个正弦波。这时，波的横轴方向可以无限延伸，位置便无法确定

当位置确定的时候

当位置确定为 1 的时候，想要再现电子的波，需要将无限个种类的正弦波重合起来，因此速度便无法确定

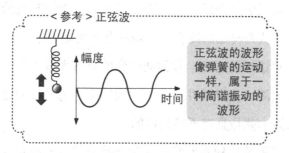

< 参考 > 正弦波

幅度

时间

正弦波的波形像弹簧的运动一样，属于一种简谐振动的波形

　　但是，不确定性原理却阐述了物质具有不明确的位置或动量的性质，再也不能仅仅确定一个最初的条件就确定之后

的状态和运动。我们只能阐述为"位于 A 点到 B 点之间的某一点、以每秒 3 米至 5 米之间的某一速度进行运动"。同时，量子论主张，未来存在着多种可能性，究竟哪一种可能性能够实现，只能在概率范围内偶然地决定。

量子论存在着含糊性和不确定性，和我们一直以来相信的清晰明确的自然截然相反。然而，量子学家却认为，这种不确定性正是大自然真正的面貌。也就是说，**量子学家认为，物质和自然不是仅限于单一的状态，而是具有极大的不确定性，而这种不确定性正是自然的本质。**

◆ 不确定性是由于知识不足导致的吗？

随着不确定性原理的诞生，量子论中重大的结构组成基本上得以构筑完成。量子学家反对将井然有序的大自然用决定论的物理学来表示，他们坚持物质具有颗粒和波的性质组合，并且认为自然的终极本质是具有不确定性。

针对这样的自然，我们能做到的只有大致上的测定和概率上的预测。这样做并不是因为我们别无选择，而是因为自然现象原本就是具有不确定性的。

"真的是这样吗？我们认为自然界具有不确定性，只能进行概率上的预测，难道不是因为我们对大自然了解得不够才会这样认为吗？如果我们的知识量不断增加，更加接近真理，能够正确地把握所有关于自然现象的知识，到那个时候会不会就可以准确地进行预测了呢？"

不知道大家会不会产生这样的疑问？会有这样的想法也是理所当然的。实际上，很多无法接受量子论的科学家，对量子论的不确定性进行了强烈的非议。下面，我们也来听一听他们的意见，从而进一步探究量子论的本质。

月亮只在看的时候才存在吗？

◆ 爱因斯坦主张的"隐藏的变数"

在第三章的结尾部分，我们曾经接触过爱因斯坦对量子论抱有强烈疑问的内容，而爱因斯坦的想法也终生未曾发生改变。提倡光量子假说的爱因斯坦虽然也可以算得上为敲开量子论大门做出重要贡献的科学家之一，但是他却有着坚定的信念，不赞成玻尔等人提出的波函数的概率解释和前面提到的不确定性原理等。

爱因斯坦坚信物理学是决定论。自从牛顿以后，物理学的传统一直是坚信反映自然现象的物理学只能是决定论的。决定论对爱因斯坦而言，更像是一种美学。因此，量子论中电子发现的位置只能进行概率上的预测，物质的位置和动量不能同时确定等不确定的内容，以及量子论主张的不确定性是自然的本质等观点，对于爱因斯坦而言，是无论如何都无法接受的观点。

但是，这并不代表爱因斯坦认为量子论是胡言乱语。爱因斯坦认为，量子论正确地表述了自然现象的一定规律，只是表述的不够完全，因此只能提出概率之类的论点。也就是说，爱因斯坦认为，量子论不是完整的最终理论。自然界中还有很多我们尚不了解的隐藏的法则，在这些法则中的某个要素（变数），最终能够将发现电子的位置确定为唯一。

爱因斯坦在这种"**隐藏的变数**"的思考方式基础上，认为量子论是不完全的力量，并与玻尔等人展开了激烈的争论。在每次的争论中，爱因斯坦都会像第三章介绍的那样，反复强调上帝不喜欢掷色子游戏，来说明量子论的不完整性。

◆ 爱因斯坦的反论——EPR 悖论

在爱因斯坦和玻尔的争论中，玻尔可以算得上"被判获胜"。这是因为，爱因斯坦最终没能指出量子论中的决定性失误，他本身也并没有揭开他所主张的"隐藏的法则"之谜。不过尽管如此，爱因斯坦对量子论的不信任感却终生没有改变。

在这里，我们要介绍爱因斯坦为了驳倒量子论而提出的一个问题。该问题收录在当时爱因斯坦研究室的两位学生

P. 波多尔斯基和 R. 罗森在 1935 年联名发表的论文中，最后以 3 个人名字的首字母联名命名，被称为"EPR 悖论"。

爱因斯坦等人注意到了微观世界的物质所具有的自旋特性。自旋指的是物质像陀螺那样，不停自转的运动方式。虽然严格来说，这种运动和陀螺的旋转有着很多的差异，但是在这里大家可以大致将它想象成陀螺的旋转。

爱因斯坦等人认为，像本页下图展示的那样，如果将一个没有发生自旋的粒子进行破坏，就会产生两个发生自旋的微观粒子。在这种情况下，他们对破坏后产生的两个粒子中的一个进行观察，以便了解其自旋的方向。结果表明，粒子向右自旋发生的概率是 50%，向左自旋发生的概率也是50%。

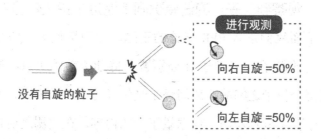

微观粒子的自旋

进行观测

没有自旋的粒子

向右自旋 =50%

向左自旋 =50%

破坏后产生的两个粒子的旋转方向，向右自旋发生的概率是 50%，向左自旋发生的概率也是 50%。（两个粒子的旋转方向一定是互逆的）

　　我们已经多次重申过，在量子论中认为微观世界物质的动量和位置在我们观测之前，不能确定为唯一的状态。

　　同样，针对微观粒子的自旋方向，量子论也认为在我们观测之前绝对是不确定的。在我们观测微观粒子的瞬间，它究竟是向右自旋还是向左自旋，只能确定为 50% 的概率。

　　但是，破坏后产生的两个粒子，却不可能同时向右自旋或同时向左自旋。如果一个粒子向右自旋的话，另一个粒子一定会向左自旋，即二者的旋转方向一定是互逆的。这是因为，将最初没有自旋的电子破坏之后，产生的两个新的粒子，它们的自旋方向呈相互抵消的趋势。如果将破坏后的两个粒子的自旋方向（量）合计的话，一定和被破坏之前的一个粒子的自旋方向（量）相等。用专业的术语来说，即**自旋的量得到保存**。

◆　**"观察到粒子"的信息瞬间传递这个说法有些奇怪**

　　下面我们进入 EPR 悖论的正题。爱因斯坦等人将破坏后产生的粒子 A 和粒子 B 分别置于持续旋转的状态，然后假设两个粒子之间的距离间隔 1 光年（约 10^{13} 千米），并对这两个粒子进行观测。根据量子论的内容，在观测之前自旋方向不能确定的粒子 A，在观测的瞬间不是向右旋转就是向左旋转。在这里我们假设粒子 A 的旋转方向为左转。

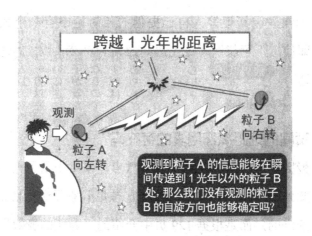

这时，爱因斯坦等人认为 1 光年以外的粒子 B 的旋转方向应该能够同时确定。这是因为，自旋的量得到了保存，所以粒子 A 和粒子 B 的方向一定是互逆的。因此，如果确定了粒子 A 向左自旋，那么粒子 B 一定会向右自旋。我们认为这是理所当然的事情，但在量子论中认为物质的状态在观测之前不能被确定。请注意其中一个比较奇妙的点，我们观测的只是粒子 A，而没有对 1 光年以外的粒子 B 进行观测。那么，为什么粒子 B 的自旋方向可以确定呢？——在量子论中认为**观测到粒子 A 的信息如果能够在瞬间传递到 1 光年以外的粒子 B 处，那么我们没有观测的粒子 B 的自旋方向也就可以确定。**

针对这一点，爱因斯坦等人认为**一个信息能够在瞬间，即时间为零的时候传递到一定距离之外的说法非常奇怪。**这

133

是因为在爱因斯坦等人自己提倡的相对论中有一个大的原则，即信息不可能以超过光速（约 3×10^8 米 / 秒）的速度进行传递。

◆ **瞬间的远距离作用真的存在吗?**

爱因斯坦针对相对论中的矛盾点，来主张量子论的不完备。此外他还认为，粒子的自旋方向并不是根据观测而在一开始确定的，而是根据 129 页中介绍的"隐藏的变数"而确定的。

EPR 悖论在很长时间内都被科学家广泛议论。

这些科学家认为，所谓"观测到粒子 A 的信息瞬间传递到另一方的粒子 B 处，决定粒子 B 的自旋方向"，前提是必须存在能够超越无限距离的"远距作用"，这使量子论处于不利的形势。

但是，在 EPR 悖论发表之后，经过了大约半个世纪，到 1982 年，法国物理学家阿兰·阿斯拜克特（Alain Aspect）却通过实验证明，这看似不可能的"远距作用"，却是实际存在的。

阿斯拜克特的实验内容非常复杂，想要理解清楚实验的内容，需要深厚的物理知识，因此在这里我们将省略具体内容，只介绍实验的重点。1965 年，爱尔兰的物理学家贝尔

（Bell，1928—1990 年）发表了**贝尔不等式**。如果爱因斯坦主张的"隐藏的变数"真实存在的话，这个不等式就应该成立。另一方面，如果量子论的思考方法正确，即两个距离非常遥远的物体之间能够瞬间传递信息的话，贝尔不等式就将不能成立。阿斯拜克特的实验验证了贝尔不等式，证明了贝尔不等式不能成立，因此量子论取得了胜利。

◆ 月亮是因为被看见才存在的吗？

EPR 悖论提出的问题最终以量子论的获胜而告终，让我们再来重申一下它的意义。量子论认为，物质的位置和速度、自旋方向等所有状态，在进行观测之前，无法只决定为唯一。这种观点的正确性，已经通过阿斯拜克特的实验得到了证明。不过，爱因斯坦在看到阿斯拜克特的实验之前就已经过世了。在生前，爱因斯坦曾经留下了下面这段话。

"如果量子论是正确的话，那么月亮在我们'看到'它的瞬间才会存在，在我们没有看到的时候就根本不在那里！"这当然是不符合实际的，因为不管我们观测与否，月亮都依旧存在于同一个位置。

虽然我们也许不应该将巨大的月亮和微观世界的物质相提并论，但是如果我们对量子论的内容探究到底的话，就代表着在没有任何人观测月亮的时候，月亮不在某一位置；只有在有人观察月亮的时候，才能确定月亮所在的位置。用我们的常识来理解的话，量子论所阐述的物质观和世界观有些不可思议，但是，如果按照阿斯拜克特的实验，就会发现其中的正确性。

我们都对客观事实的存在深信不疑。古典物理学认为，自然界中的一切物质都和人的行为没有关系，人只能客观地对其进行观测。但是，量子论却否定了这种客观存在的事实。量子论认为，自然最初是由观测的状态决定的。如果没有任何人对其进行观测就不能确定，世界上不存在任何确定的事实。

◆ 矛盾的事物，互补的世界

针对量子论所阐述的物质观和自然观的特征，玻尔用"互补性"这个概念进行了解释。

在古典物理学中，存在于某个位置的粒子和存在于广泛空间的波属于相互矛盾的概念。但是，在量子论中，却能够在同一个电子中看到这两种概念，只是电子不能同时显现出粒子和波的双重性质。在我们没有观测的时候，电子像波一样存在，而在我们观测的瞬间，它就呈现出了粒子的特性。

物理学家将这种**两个不相同的事物之间通过互补，形成一个事物或世界的思考方式，称为"互补性（互补性原理）"。**

根据互补性原理，观测之前的电子处于位于 A 点的状态和位于 B 点的状态重合的状态。另外，不确定性原理中提到的"确定位置就不能确定动量，确定动量就不能确定位置"，也是互补性的体现。也就是说，量子论认为，这个世界是对立且互补的，是由不可分割的要素构成的。

想要简单地理解玻尔的互补性原理，我们可以借鉴中国古代象征阴阳思想的太极图。"阴"和"阳"是相互对立的"气"，而二者结合在一起发生相互作用，决定了所有自然现象和人类的活动。这种阴阳思想和量子论描述的世界不谋而合。玻尔自己设计的徽章的一部分，就运用了太极图案。

对立互补

太极图

粒子 波

位置 动量

东方思想中作为支柱的一元论就是和近代科学的基础二元论相互对立的概念。二元论主张将物和心、人与自然相互

137

分开，而一元论则认为它们是密不可分的。否定客观事实的量子论摒弃了将自然和观测者相互分开的二元论的世界观，认为作为观测对象的自然和作为观测者的人类是一体的，体现了一元论的自然观。

在这里我们介绍了一些非常深奥的内容。即量子论和哲学思想之间的关系。由于版面的限制，这里不作过多介绍，感兴趣的读者可以阅读相关的书籍。在第五章中，我们将介绍一位一直对量子论持怀疑态度的人物——薛定谔，他提出了一个著名的悖论——并和大家一起来探索量子论所揭示出的不可思议的世界！

第五章

分支的世界

探求解释问题

引 言

让大家久等了！在序章中担任主持人的、本书的"吉祥物"——"薛定谔的猫"，将作为第五章的主角再度登场。

"薛定谔的猫"是一个著名的悖论，也是量子论中最大的难题。至今为止，还没有任何一个人能够对这一悖论进行完美的说明。不过本书将向大家介绍这个问题的解决方法。这一解决方法将向我们揭示一种非常奇妙的世界观，即多个自己在同一时刻平行存在，大家是否认可这个说法呢？

第五章的要点为以下两点。

① "薛定谔的猫"是一个什么内容的悖论？

② "多世界诠释"从哪个点入手，来简单明了地解释量子论？

关于量子论的内容，第五章将是最后一章。奇妙又看似真实、真实又太过奇妙——希望大家在这一章中尽情地领略量子论"仙境"的精髓所在。

"薛定谔的猫"

◆ 薛定谔的巨大不满

通过薛定谔方程式建立量子力学（波动力学）的薛定谔，在此之后对量子论的发展存在着巨大的不满。

在第三章中我们曾经提到过，薛定谔认为波函数 ψ 表示的电子波（物质波）属于实际存在的波，并企图探究出这种波的本质。针对他的观点，玻尔等量子论主流物理学家所倡导的哥本哈根解释却放弃了直接探讨物质波究竟表示什么，而提出 ψ 的绝对值的二次方与发现电子的概率成比例。他们认为，如果是人类可以直接观测的结果自然没有问题，但是对于无法观测到的物质波，就没有必要再过多地去诠释。

在古典物理学中，所有方程式呈现出的量都是实际存在的，古典物理学认为它们是可以观测的。因此，薛定谔确信，在薛定谔方程式中的 ψ 这个量，尽管属于复素数这一特殊的数，但一定代表着某一实际存在的量。所以，薛定谔不能接受哥本哈根学派提出的"观测到的即实际存在的，观测不到的即非实际存在的"这一解释。在这一点上，薛定谔和爱因斯坦一样，坚信"实际存在"是不受到人类观测左右的。

薛定谔在晚年主要致力于将电磁力和重力统一的研究，并且对生物学抱有极大的兴趣，而始终和作为物理学主流的量子论保持着一定的距离。

晚年的薛定谔在描述自己对量子论的态度时说道："我不喜欢量子论，但也不后悔和量子论有所牵连。"由于创立了波动力学，薛定谔被认为对量子论的建立做出了重要的贡献，并因此获得了 1933 年的诺贝尔物理学奖。不过尽管如此，薛定谔却始终厌恶量子论。

◆ 思考实验"薛定谔的猫"

1935 年，薛定谔在德国的科学杂志上发表了一篇题为"量子力学的现状"的文章。在该文章中，他使用猫进行了一个有些"残酷"的思考实验，指出了他对量子力学所抱有的疑问。这就是有名的"薛定谔的猫"悖论。

让我们来介绍一下这个实验的内容。在一个铁箱子中，放入放射性物质和放射线检测装置，然后放入一个和检测装置联动的毒气发生装置。放射性物质能够释放出可以让原子核衰变的放射线。能够检测放射性物质的装置会将信号传送到毒气发生装置上，从而释放出毒气。

然后，将一只猫放入这个箱子中。如果放射性物质被破坏，发出放射线的话，就会产生毒气，将可怜的猫毒死。

但如果放射性物质未被破坏，就不会产生毒气，猫就会安然无恙。

将猫放入箱子后盖上盖子。人们无法从外部观测到铁箱内部的状况（箱子设置为即便猫活着也无法发出声音或引起振动）。一小时后，可怜的猫的命运究竟会是怎样的呢？

"薛定谔的猫"

◆ "半生半死"是什么意思？

只要打开箱子的盖子，就能够知道猫究竟是死是活。但是，薛定谔提出的问题是，再打开盖子之前，猫的状态应该如何去判定呢？

放射性物质究竟能否引起原子核的衰变，这属于微观世界的问题。在这个实验中，能或不能引起原子核衰变的概率各为 50%。在这种情况下，按照量子论的观点，观测前的放射性物质的状态应该是原子核发生衰变的状态和原子核未发生衰变的状态各占一半的重合状态。当然，如果进行观测的话，可以明确地判断出原子核是否已经衰变。但是在观测之前的状态，却是重合的状态，这是量子论基本的思维方式。

那么，猫又会如何呢？由于猫的生死和原子核衰变与否有着直接的联动关系，因此，如果放射性物质的状态处于重合状态，那么猫的生死状态也应该处于一种重合的状态。也就是说，**猫在铁箱中处于由于原子核衰变而导致死亡的状态和没有发生原子核衰变而安然无恙的状态的重合状态。**

可是，这样的状态又是一种什么样的状态呢？也许我们可以将其形容为"半生半死的猫"。但是实际上，对于同一只猫来说，既生又死的状态是不可能存在的，当然也不是位于生死之间的濒死状态。因此，基于量子论提出的既生又死的猫是一种无法成立的状态。

◆ 观察行为能够决定猫的生死吗？

由于量子论认为观测前的状态处于一种重合状态，因此就出现了半生半死的猫这种奇怪的事情。而量子论所阐

述的观测行为本身具有的意义，也是这个思考实验所提出的
问题。

针对在观测前处于重合状态的某个观测对象，在观测的
瞬间波发生了收缩，因此状态只能决定为唯一。如果将这个
理论用在这次的箱子实验中，**人们在打开箱子的瞬间，会决
定放射性物质的状态，即原子核衰变与否，也就同时决定了
猫的生死。**

可是，事实真的是如此吗？原子核衰变属于肉眼看不见
的微观世界的现象，它的有无我们暂且不论，实际上，即使
在我们打开盖子之前，猫究竟是生是死，其状态应该确定是
唯一的。而按量子论的观点，猫的生死在观测之前不能确定，
而是由我们观测瞬间的行为决定的——让我们站在猫的立场
来思考一下这个问题！难道在我们进行观测之前，猫都徘徊
在生死之间，而当我们观测的瞬间，猫才被确定究竟是死了
还是活着的吗？

当然，在打开箱子之前，我们无法准确地确定猫究竟是
生是死。也就是说，我们只能推测其概率。可是，依照量子
论的观点，在观测之前猫的生死状态，"事实上并不是已经
确定的唯一，只是我们（箱子外面的观察者）不知道而已"，
而是"生死的状态重合，不能确定为生死中的任何一种状
态"。因此，如果我们相信量子论的观点的话，就必须接受

"半生半死的猫的状态，在观测的瞬间被决定为生死之一的状态"这个结论。大家对这种"非常识"的观点，真的能接受吗？

猫的生死究竟会如何？

观测之前猫的状态处于生的状态和死的状态各一半的重合状态

观测的瞬间波发生收缩，决定猫的状态究竟是生还是死

薛定谔

我们在观测箱子之前，猫究竟是生是死应该已经确定了。因此，依据量子论提出的"生死重合的状态"和"观测的瞬间决定生死"之类的观点就相当奇怪

◆ 微观和宏观不可分开思考

提倡哥本哈根解释的量子论主流派认为，量子论适用的微观世界和古典物理学等我们尝试成立的宏观世界应该分开考虑。也就是说，量子论所揭示的重合与波的收缩等现象和状态，只限于微观世界，人们日常所讲的宏观世界的事物不是量子论适用的对象。

针对这个论点，薛定谔认为，既然微观的现象（放射性物质引起原子核的衰变与否）会直接影响到宏观世界物体的状态（猫的生死），就不能将微观世界和宏观世界割裂开来思考。也就是说，如果我们承认宏观世界的物质是由微观物质集合起来形成的，微观世界和宏观世界就密不可分，我们自然就应该将量子论认定为适用于同样原理的连续的世界。就像第四章中曾经介绍过的一样，被认为只有在基本粒子世界中发生的量子论的想象，事实上在更大的原子或分子的世界里也能够同样地观测到。

◆ 有解开悖论的方法吗？

针对"薛定谔的猫"所提出的疑问，很多物理学家都尝试进行解释，但是至今为止，没有一个人能给出让所有人接受的答案。

量子论的主流派（赞同哥本哈根解释的学者）认为，"一只猫是由无数的微观物质集合起来组成的，因此可以认为是由无数种状态组合而成的。对于这样复杂的对象，不能单纯地使用波函数或重合的波发生收缩等理论进行解释"。但是，他们的这些说法却可以用刚才提到的"宏观物质是由微观物质构成的，因此宏观对象应该不能适用于微观原理"来进行辩驳。

此外，使用宏观世界的观测装置观测微观现象的时候（例如检测装置会检测出原子核的衰变所释放出的放射线），波会发生收缩，因此有的人提出疑问，宏观物质自身在这一时刻难道不是处于重合状态吗？针对这样的说法，有人认为，对于观测装置给予多个新的假定，并不能直接解决问题本身。

那么，我们现在就来介绍一个能够解决"薛定谔的猫"悖论的方法。方法非常简单，我们不要企图去解开悖论，而代之以使用一种突破我们常识的世界观去进行思考，这就是多世界诠释！

多世界诠释认为，世界存在着无数种可能性。例如，猫活着的世界和猫死了的世界并行存在。而对于我们人类而言，也存在着看到活着的猫的世界和看到猫死掉的世界。

听到这个犹如天方夜谭的想法，也许大家会感到非常奇怪。然而这个方法确实能够非常简洁朴实地解释量子论。

多世界诠释

◆ 波的收缩无法用薛定谔方程式推导

在我们详细说明多世界诠释之前，首先来一起了解一下匈牙利裔美籍科学家约翰·冯·诺依曼（John von Neumann，1903—1957 年）的事迹。冯·诺依曼是 20 世纪的优秀数学家之一，他提出了"冯·诺依曼结构""博弈论"等风靡整整一个世纪的理论，还在战争中参与了原子弹的开发研究。人们大多知道冯·诺依曼在计算机领域做出了杰出的贡献，他将进行各种计算和处理的软件转化为数值，发明了将数据记忆装置置于计算机内部的"软件内嵌式"计算机，这种计算机也因此被称为"冯·诺依曼式计算机"。今天我们使用的计算机全都属于这种类型。

除了计算机领域之外，冯·诺依曼在量子论领域也有着非常深远的影响。1932 年，他出版了《量子力学的数学基础》一书，在书中他提出了一个非常重要的内容，即**哥本哈根解释的基本假设波的收缩无法用数学方法进行说明**。

冯·诺依曼研究了作为量子力学支柱的薛定谔方程式，并用数学的方法证明，使用薛定谔方程式无法导出哥本哈根解释中波的收缩现象的发生。冯·诺依曼认为，薛定谔方程式是能够推导出物质波经过一定时间后如何扩展的方程式。

但是，使用这个方程式，却无法表现出波的收缩的过程。
冯·诺依曼证明了其在原理上的不可能性。

◆ 如果认为波不会收缩会怎样？

使用薛定谔方程式无法导出波的收缩，意味着物质的运动中没有发生波的收缩，因此我们才只能发现作为波的收缩状态的集中在一点的颗粒状的电子。可是，这又是为什么呢？

针对这一点，冯·诺依曼给出的结论是，**波的收缩是在人类的意识中发生的**。他认为，当作为观测者的人类产生了进行观测的意识之后，波的收缩便发生了。如果物质在运动上不存在波的收缩，那么发生波的收缩的场所就只能是人的意识之中了。

不过，冯·诺依曼的这一理论在现在却基本上被否定了。思考波的收缩在哪个阶段产生，是提出"薛定谔的猫"思想实验的重点所在。前面我们曾经介绍过波的收缩由宏观世界的观测装置引发这一观点。因此，现在的普遍观点认为，如果波的收缩真正发生的话，是绝对不会发生在人的意识之中，而是发生在实际的物理现象过程中的。

不过，冯·诺依曼证明薛定谔方程式无法导出波的收缩却是确切的事实。这难免让人感到有些困惑，这个一团乱麻的问题，解决的出口究竟在哪里呢？

那么，认为**波没有收缩，而是保持着扩散状态**的观点是怎样的呢？波的收缩是哥本哈根解释中最基础的假设之一。如果我们放弃这个假设，是否无法用宏观世界观测到的结果进行说明呢？

事实上，这就是多世界诠释的出发点，也是这一诠释的最大亮点所在。

◆ 研究生艾佛雷特的平行宇宙理论

多世界诠释的原点，是美国普林斯顿大学的研究生艾佛雷特于 1957 年完成的博士论文《平行宇宙论》。"平行宇宙"一词是英语 "parallel universes" 的翻译。在论文中，艾佛雷特提出了他对宇宙起源的想法。

艾佛雷特首先提出，如果将量子论作为自然界的基本原理，那么这一原理就不能只适用于微观世界，由微观物质构成的宏观世界中的一切物质，即整个宇宙，都应该适用于这一理论。宇宙是在 140 亿年前由极微小的一个点（称为奇点）产生的：奇点发生了大爆炸，之后经过不断的膨胀，形成了今天的宇宙。奇点处于没有任何物质（而且既没有时间也没有空间）的状态，从奇点产生了无数的微粒子，形成了构成星体或我们身体的物质。

如果将量子论应用到宇宙的历史中会怎样呢？由于奇点处于没有任何物质的真空状态，因此是否能够产生光子等微粒，在量子论上就属于一个概率问题（注：也许您会产生疑问，什么都没有的真空状态为什么会产生物质呢？这也是量子论发现的一个事实。详细的内容请参考第六章）。因此，艾佛雷特认为，在这一时刻，宇宙应该分支成产生了微粒的宇宙和未产生微粒的宇宙。这种可能性的数量（按照哥本哈根的解释来说，就是重合状态的数量）不断产生分支，形成的众多宇宙中的一个，就是我们现在生存的宇宙。同时，还存在着有另一个我存在的宇宙或没有我的宇宙等平行宇宙（parallel universes）。

◆ 真能在另一个世界与自己相遇吗？

相信每个人都曾经有过这样的想法："当时要是那样做的话，现在可能……"在科幻作品的世界中我们也经常会看到这样的场景，人们会乘坐时间机器回到过去，选择不同的道路，改变现在的境遇；或者做出不同的选择，成为"另一个自己"。

这样的平行宇宙的存在，用我们的常识来思考的话，一定会认为是空想的无稽之谈。

"如果真的存在别的宇宙，能不能拿出证据来证明呢？"

面对这个问题，非常遗憾的是，没有任何证据可以证明。因为科学家认为，分支的宇宙，彼此间就会断绝联系，在物理上是完全孤立的存在。我们不仅不能到其他的宇宙去做客，连看看对方的样子也是不可能的。这种解释听起来有些强词夺理甚至狡猾，但在理论上是不存在任何破绽的。也就是说，虽然不能严谨地证明它的正确性，但是也不能证明它是错误的。

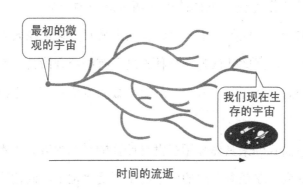

从结果上来看，我们现在生存的宇宙，对于我们来说就是唯一的宇宙。对于过去分支出的宇宙，我们无法进行了解。我们没办法见到在下一个转角向右转的我存在的世界和在下一个转角向左转的我存在的世界。我们无法见到自己的"分身"，现在的这个自己就是唯一的自己，现在的这个世界就是唯一的世界。

◆ 电子位于不同位置的复数的世界

将艾佛雷特的平行宇宙理论一般化，就是能够更好地理解量子论所描绘的世界的**多世界诠释**。

多世界诠释的最大特征，也是这一理论的最大优点，就是不使用薛定谔方程式无法导出的"波的收缩"这一假设。哥本哈根解释提出的这一假设，被认为是为了将作为波运动的电子和作为粒子发现的电子两种观点融合在一起产生的"苦肉计"。此外，由于该解释认为所有变化都在人观测的瞬间发生，因此被认为在某种程度上有些牵强附会。而多世界诠释则是绕开这一方式，从波函数的本质入手产生的思考方式。

下面我们来具体介绍多世界诠释的详细内容。哥本哈根解释认为，在观测之前的电子的位置是"位于不同位置的状态发生了重合"。波函数 ψ 在使用 93 页的图进行表示的时候，是位于 A 点的状态、位于 B 点的状态或位于 D 点的状态等在一个电子之中发生了重合，而不能说只存在于某一点。

对此，多世界诠释认为观测前的电子只位于某一点，而在我们不知不觉中出现了复数个数的世界——例如，电子位

于 A 点的世界、电子位于 B 点的世界或电子位于 D 点的世界，等等，即世界发生了分支。也就是说，并不是在一个电子之中，位于各个未知的状态发生了重合，而是**电子位于不同位置的世界发生了重合（同时进行）**。

　　不仅如此，我们作为观测者也在不同的世界中存在。但是存在于不同世界的观测者，并不知道自己来自哪个世界，也不知道自己在哪个世界对电子进行了观测。实际上，只有在对电子进行观测之后，才能明白这是电子位于 A 点的世界，而在此之前只能进行概率上的预测，而这个概率则原封不动地沿用了波函数的概率解释。

◆ **用多世界诠释思考"薛定谔的猫"**

　　那么，让我们基于多世界诠释，来思考一下"薛定谔的猫"的问题。

　　准备好放射性物质及相关装置，然后将猫放入铁箱封闭起来，并经过 1 小时。在 1 小时之内，放射性物质引起原子核衰变的概率为 50%。这时，不知不觉中，在箱子外的观测者的世界分支为了两个。一个是观测者所在的世界中，箱子中的放射性物质引起原子核衰变，因此释放出了毒气，杀死了猫；而另一个则是观测者所在的世界中，箱子中的放射性物质没有引起原子核衰变，因此没有释放出毒气，猫活了下来。

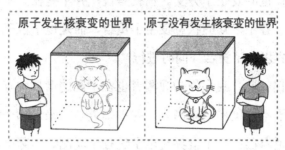

猫和观测者都分成了两个

原子发生核衰变的世界　原子没有发生核衰变的世界

依照放射性物质是否引起原子核的衰变，猫和观测者
都分支到了两个世界之中

因此，第一个世界中的观测者打开箱子，发现猫已经死
了；而第二个世界中的观测者打开箱子，发现猫还活着。就
这么简单。所谓半生半死的猫、波的收缩何时发生、微观和
宏观的边界在何处等问题一概不会存在，任何地方都不存在
悖论。

大家觉得怎么样呢？按照多世界诠释，就能够将所有的
一切从理论上毫无矛盾地解释清楚。当然，还存在着这样的
疑问，即猫活着的世界和猫死掉的世界真的并行存在吗？这
是多世界诠释没有弄清的问题。

◆ 用多世界诠释思考电子的双狭缝实验

接下来，我们将针对第四章提到过的电子的双狭缝实验，

使用哥本哈根解释和多世界诠释对比进行说明。

电子枪发射出的一个电子出现通过左侧狭缝的状态和通过右侧狭缝的状态两种状态的重合，发生干涉现象。当我们在投影板上观测到的时候，由于波的收缩，只能观测到一点。如果将这一过程不断重复，在投影板上发现电子的位置将会形成干涉条纹——这是哥本哈根解释的观点。

而多世界诠释则认为，一个电子通过双狭缝的时候，世界分支为两个，即电子通过左侧狭缝的世界和电子通过右侧狭缝的世界。但是，像电子这样微小的物质，在分支到两个世界后会再度相遇并且重合。这样一来，**电子就拥有通过左侧狭缝的过去和通过右侧狭缝的过去这两个不同的过去。**

在一个电子之中，两个不同的历史重合到了一起。因此，也就等于电子通过了左右两侧的狭缝，并且在投影板上形成了干涉条纹。

◆ 猫不会发生干涉?

这里的问题在于，为什么电子在分支到两个世界之后会再度相遇并发生重合，并且形成干涉条纹，事实上这也是刚才"薛定谔的猫"的问题中，是否发生了干涉的问题。多世界诠释认为，这是因为**只限于结果完全相同状态的时候，两个世界中分支的物质才会再度重合，它们拥有的不同的过去**

157

才会引起干涉现象的发生。

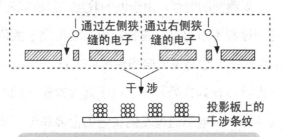

让我们再来思考一下电子的双狭缝实验。在这个实验中，电子在真空中飞行（如果在空中遇到空气分子会发生冲突，引起电子的散乱，而无法进行实验），在途中不受到任何其他物质的影响，一直到达双狭缝的位置。因此，电子经过左侧狭缝的世界和电子经过右侧狭缝的世界实际上只是电子的通路（过去）不同而已，而从电子枪将电子发射出来，直到电子到达投影板上一点的过程，完全是相同的状态。因此这个时候，两个电子会再会并发生重合，两个不同的过去会引起干涉。

这里我们将引用 117 ～ 119 页中提到过的费曼实验，来观测电子通过了哪一侧的狭缝。通过左侧狭缝的电子会和观测装置中发出的光子在左侧的狭缝附近发生冲突，通过右侧狭缝的电子会和观测装置中发出的光子在右侧的狭缝附近发生冲突。在这一过程中，由于引起了完全不同的状态，因此结果也不可能处于完全相同的状态，电子也就不会发生干涉，投影板上不会出现干涉条纹。

在"薛定谔的猫"的问题中，由于猫的生死状态发生了分支，所以猫当然不会发生干涉。另外，针对我们日常生活中的现象，也不可能出现"过程中不对周围的一切发生任何影响，不留任何痕迹，保证结果处于完全相同的状态"这种情况。因此分支的两种状态（世界）不会再度发生重合，之后就会不再相关，各自进行下去。

◆ 世界真的发生分支了吗?

前面我们进行了多世界诠释的解释，各位有何感想呢？原来如此！原来存在着平行宇宙啊！……可能这样想的人并不多吧！

在现在的量子论世界中，认同哥本哈根解释的学者属于多数派，而认同多世界诠释的学者则属于少数派。其中最主要的理由，还是因为平行宇宙的概念和我们常识中认为的一个宇宙、一个世界、一个自己相去甚远。不过，对于平行宇宙的存在，既不能否定也没有肯定的证据，因此支持者也没有大幅度增加。

但是，和哥本哈根解释使用不能用薛定谔方程式导出的波的收缩的假设相比，多世界诠释不使用这一假设，而是采用总结理论和现象的方法，不能不说是一种非常朴实的解释方法。虽然宇宙和世界乃至人类自身都发生分裂的想法听上去有些过于异想天开，像是科幻小说，让人觉得不可能是真实的，但如果使用这一解释，就能非常简单地理解量子论中将物质的运动看作波的含义了。

换句话说，如果想用人类至今为止掌握的知识和理论来描述微观世界的话，多世界诠释这种思考方法是最容易理解、最利于想象、最为直观的方法。只不过，"分支成为复数的世界"的说法终究让人感觉是太过现象论（表面看上去的样子）的模型，而其本质则有可能隐藏在内部。但我们对这一本质尚无法掌握，有可能存在这样隐藏的本质，也有可能根本不存在。

◆ 解释问题没有定论

量子论揭开了微观世界不可思议的现象，而使用哪种解释方法对现象进行诠释，称为**"解释问题"**。不管哥本哈根解释还是多世界诠释，都是解释问题的其中一个解答。

但是，解释问题却可以说没有正确答案。各种不同的解答，归根结底只不过是解释方法上的差异而已。例如，第四章 EPR 悖论中提到过的贝尔不等式（135 页），两个不同的解释之间如果存在可以计算的差异，就可以用实验进行确认，这样一来也就不存在差异了。也就是说，解释问题是没有定论的。

因此，在大学向学生讲授量子论的时候，很多老师都会强调"趁着年轻赶快决定解释问题的方向"。事实上为了找出所谓的正确答案绞尽脑汁，也是一种时间上的浪费。实际上，我们在利用量子论计算电子行为的时候，究竟选择哪一种解释，是不会对结果造成任何影响的。

尽管如此，无论是哥本哈根解释还是多世界诠释，量子论所描绘的物质观、自然观、世界观，始终与我们的常识相去甚远。这些难道都是真的吗？这就是自然的真理吗？相信大家都会产生这样的想法，因而想对解释问题一探究竟。这也是量子论吸引人的魅力所在。

在接下来的第六章中，我们将接触到这样的观点：量子论并不一定需要被完全的理解。原本水火不相容的量子论和相对论，如果不断尝试着去统一，也许就有可能发现作为量子论根基的所谓更加深入的真理。那时候，解释问题的正确答案也许就自然水落石出了。当然，单凭量子论也并不能够改写一切，也有可能需要将其他的理论引入到量子论中，完

成终极的理论。到那个时候，我们也许就可以接受现在量子
论所描绘的常识之外的世界了。

在第六章中，我们将进入随着量子论的发展展开的应用
世界，并一起展望量子论的未来。

第六章

面向终极理论
量子论开创的世界

引 言

在第六章中，我们将介绍量子论的"周边话题"。量子论是以原子中的电子为出发点展开的，其中的奇妙法则和思想适用于微观世界中的各种各样的现象。例如**量子化学、凝聚体物理学**、原子核物理学以及基本粒子物理学等都是在量子论的基础上诞生并发展的。

此外，量子论自身也在不断地发展，例如产生了**场量子论**这一全新的理论。科学家们将场量子论不断发展壮大，希望能够构建出可以将自然界的所有现象统一说明的"大统一理论"。另外，研究和微观世界截然相反的浩瀚宇宙如何诞生的**量子宇宙论**，也是量子论的成果之一。

这些话题中的每一个都足够写成一本书。因此，下面只能大致地对它们进行介绍。希望大家能够通过这些内容，感受到量子论无穷无尽的乐趣所在。

明确解释各种现象的量子论

◆ 电子的量子数和泡利原理

首先，我们将介绍一下量子论中明确的电子的"**量子数**"的概念。

在第二章介绍过的玻尔提出的量子条件假设中，氢原子具有能够发光的性质。量子条件认为，电子的轨道半径一定是整数值。在此之后，除了电子轨道半径之外，一定是整数值的还有 3 个参数。这 4 个参数被称为"量子数"，它们分别是主量子数（指轨道半径的数值）、方位量子数、磁场量子数和速度量子数。而**原子内的电子状态，则是由这 4 个量子数的数值决定的**。

1927 年，瑞士的物理学家沃尔夫冈·E. 泡利（Wolfgang E. Pauli，1900—1958 年）提出了一个重要的法则，称为"泡利原理"（也称为泡利不相容原理）。泡利原理的内容是：**在一个原子中，只存在一个 4 个量子数数值全部相同的电子**。

这个原理乍一看非常简单，但是却是一个充满了魔法的法则，能够解释各种一直以来如谜题一般的现象。

◆ 电子轨道的真面目

在第二章的最后，我们曾经说过，玻尔的原子模型只适用于氢原子。而拥有两个以上电子的原子模型，即普遍的原子模型，是在泡利原理提出了原子中有多个电子存在时的制约条件之后，才得以成功描绘出来的。

这个原子模型如下页图所示。电子的轨道并非玻尔认为的那种线状的轨道，而是像云一样，处于在广阔的范围内可"存在于任何场所"的一种概率分布的状态。这一轨道（也许不应该称为轨道）的形状由量子数中的主量子数、方位量子数和磁场量子数决定。

根据泡利原理，**如果 3 个量子数全部不同的电子存在多个的话，那么其轨道只能以这种状态存在。**

此外，在各自的轨道中，第四个量子数即速度量子数不同的电子，分别可以存在两个。结果，第一轨道可能存在 2 个电子，第二轨道（轨道有 4 种）可能存在 8 个电子。

在中学时代，我们曾经按照以下的方式来机械地记忆电子的轨道："最内侧的轨道上最多可以有两个电子、第二条轨道上可以有 8 个电子……"事实上，**每条轨道上允许出现的电子的数量，是在量子论的基础上决定的。**另外，实际的量子轨道图，也和教科书上画的轨道的形状（下图中最下方图片）有着非常大的差异。由于初中和高中并不讲述量子论的内容，所以为了能够让学生简单地记忆，就使用了简易的模型来介绍，而事实上这种模型是错误的。

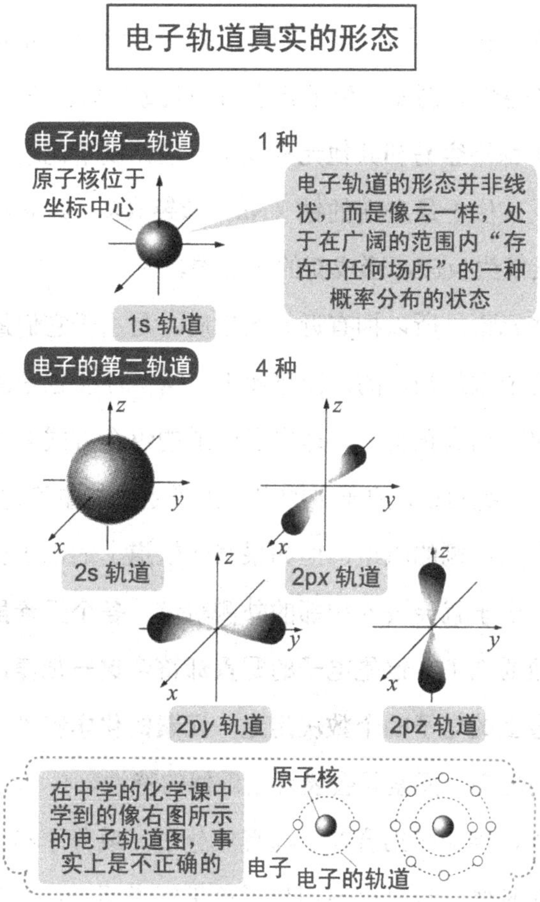

电子轨道真实的形态

电子的第一轨道　1 种

原子核位于
坐标中心

电子轨道的形态并非线状，而是像云一样，处于在广阔的范围内"存在于任何场所"的一种概率分布的状态

1s 轨道

电子的第二轨道　4 种

2s 轨道

2px 轨道

2py 轨道

2pz 轨道

在中学的化学课中学到的像右图所示的电子轨道图，事实上是不正确的

原子核

电子

电子的轨道

167

◆ 量子论是物理和化学的结合

当我们理解了原子真实的构造之后，就能够正确地理解元素周期表的意义。元素周期表将氢（H）、氦（He）、锂（Li）等元素（原子）按照质量从轻到重进行排列，而这样排列的一个重点，就是每隔一定周期（纵列）位置上的元素具有相似的化学特性。例如，位于元素周期表最右端的氦（He）和氖（Ne）都不容易和其他元素发生反应，属于比较稳定的元素；相反，位于最左端的钠（Na）和钾（K）则非常容易和其他元素发生反应，形成新的化合物。

这些元素之所以拥有近似的性质，是由于它们最外侧轨道上的电子数是相同的，而事实上，这一性质也是由于人们了解了原子的真正构造，即电子轨道的组合方式之后才明确的。具体说明的话，原子中的电子为了达到能量稳定的状态，会尽量进入内侧的轨道，但如果某一轨道上的电子已经"满员"了，电子就会进入相邻的外侧轨道。**各个元素虽然拥有不同个数的电子，但是电子的配置却符合这一规律，而在最外侧轨道上的电子的个数决定这一元素的化学特性。**因此每隔一定的周期，元素就会表现出近似的特性。

此外，当原子结合在一起形成分子，或分子和分子结合在一起的时候，也可以使用量子论进行说明。这意味着，化学领域也成了量子论这一全新物理学的研究对象。也就是说，

量子论将化学引入了物理学领域，也可以说将化学和物理学
整合在了一起。

◆ 不遵循泡利理论的玻色粒子

　　但是，随着针对微观粒子中的基本粒子研究的不断深
入，科学家们发现，基本粒子可以分为遵循泡利理论的基本
粒子，以及不遵循泡利理论的基本粒子两种。前者称为"**费
米粒子**"，后者则称为"**玻色粒子**"。费米粒子包括电子、
质子和中子等，玻色粒子包括光子等（关于光子后来进行了
修改）。

　　玻色粒子由于不遵循泡利理论，因此多个粒子有可能具
有相同的量子数状态。因此，**如果将玻色粒子集群进行极低
温处理，无数的玻色粒子就会聚集产生最低能量状态这一统
一的状态，从而使粒子发生重合。这就是第四章**（116 页）
曾经提到过的玻色 - 爱因斯坦凝聚。玻色粒子自身虽然属于
微观粒子，但是在玻色 - 爱因斯坦凝聚的作用下，无数的玻
色粒子会发生重合，让原本只能在微观世界观察到的量子论
的现象，呈现在我们眼前的宏观世界中。

　　其中代表性的粒子就是氦，它的**超流动**现象就是典型的
能够呈现在我们眼前的现象。通常氦呈气体状态，在经过极
低温的冷却之后呈液态。这时，氦原子就会产生显示出玻色

粒子性质的玻色 - 爱因斯坦凝聚。这样一来，物质原有的性质就会发生巨大的改变，其中之一就是液态氦的黏性变为零。

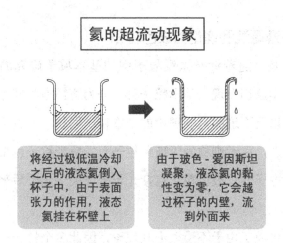

氦的超流动现象

将经过极低温冷却之后的液态氦倒入杯子中，由于表面张力的作用，液态氦挂在杯壁上

由于玻色 - 爱因斯坦凝聚，液态氦的黏性变为零，它会越过杯子的内壁，流到外面来

这样，原本黏稠的液体一旦开始流动，就再也无法停下来，放入杯中的液体氦就会越过杯壁向外流动，显示出超流动的性质。

此外，金属还具有**超传导**现象。该现象指的是，经过低温冷却的金属中的电子每两个组成一对，经过玻色化的金属的抗电能力降为零，一旦通过电流，电流产生的热量不会消耗，会永久地持续流动。大家也许在电视上看到过有关超传导状态的影片，如果在处于超传导状态的金属上放一块磁铁，磁铁就会不停地转圈。这是由于处于超传导状态的金属中的电流持续地流动，金属和磁铁相互排斥产生的现象 [称为"迈

斯纳效应（Meissner effect）"]。综上所述，研究物质性质
的**凝聚体物理学**中，也少不了量子论的参与。

◆ 催生出半导体器件的量子论

对于凝聚体物理学领域，量子论最大的成果之一，就是
从理论上说明了固体带电性质的差异。

固体可以分为金属等能够很好导电的导体，木材、玻
璃等无法导电的非导体（绝缘体），以及处于二者之间的半
导体 3 个种类。电流指的是电子的流动，根据电子在不同固
体中流动的状态不同，固体所表现出的带电的性质也会产生
差异。

如果将固体中电子的状态对照量子数的概念或泡利原理
进行思考的话，就可以发现结晶构造的原子中，电子的能量
只能取表示电子数量的"电子能量带"内的值。电子能量带
之间缝隙越小的结晶原子，电子越容易向高能量状态转移。
这样一来，电子离原子核距离越远，越容易进行自由的回转
运动，也就导致电流越容易流动。

硅酮或锗等半导体中由于混入了少量的不纯物质，所以
带电的性质会变得更加随意。利用这一性质开发出的半导体
器件，包括二极管、晶体管、集成电路（IC）、大规模集成
电路（LSIC）等成为微电子学中的主角，给我们的日常生活

171

带来了巨大的变化。可以说，量子论催生了支持我们今天的生活的半导体器件。

◆ 通过能量壁垒的量子隧穿效应

量子论为我们揭示的神奇现象中，另外一个典型的现象就是**量子隧穿效应**。量子隧穿效应指的是，通常情况下无法穿过能量壁垒的微观粒子，偶尔可以通过这一壁垒的现象。

最初提出量子隧穿效应的是美国的物理学家卡莫夫（Kamov，1904—1968 年）。卡莫夫是宇宙大爆炸理论的提出者。卡莫夫于 1947 年发表了大爆炸理论，而早在 20 多年前，他还是一个 20 岁出头的年轻人的时候，就提出了阿尔法衰变理论，并在此基础上提出了量子隧穿效应。

阿尔法衰变是原子核衰变（分裂）后，释放出放射线中的一种阿尔法粒子（54 页）的现象。但是，如果研究原子核的内外结构，就会发现原子核的边缘有一道能量的壁垒，阿尔法粒子无法穿越这道壁垒，释放到外部。也就是说，按照这样的情况，应该绝对不会产生阿尔法粒子衰变。

如果使用薛定谔方程式计算阿尔法粒子的位置，能够发现阿尔法粒子有这种穿过能量壁垒存在于壁垒的外侧的概率。也就是说，原本不应该穿越能量壁垒的阿尔法粒子，存在一定的可能，像挖隧道一样穿越了这道壁垒。

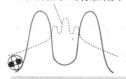

阿尔法衰变和量子隧穿效应

能量壁垒

阿尔法粒子的存在概率的波

阿尔法粒子

阿尔法粒子本来不应该具有能够超越原子核能量壁垒的能量

如果考虑阿尔法粒子的波，会发现在壁垒外侧也有阿尔法粒子存在的极小的概率（壁垒外侧的波函数不为零）

我们在核裂变反应和核聚变反应中能够观察到量子隧穿效应。同时，这一效应也被应用于扫描隧道显微镜（STM）。这种显微镜应用了半导体器件的原理，可以用来观察金属表面的原子排列。

◆ 和电子性质相反的反电子的发现

下面我们介绍另外一个量子论的重大发现，这就是和我们日常熟悉的粒子性质相反的"**反粒子**"的发现。如果粒子和反粒子相遇，二者会发生抵消归于无。听起来好像有些科幻的味道，但事实上却是实际存在的现象。

最初发现的反粒子，是电子的反粒子"**反电子**"。提出存在反电子的是英国的物理学家狄拉克（Dirac，1902—1984

年）。狄拉克也是对量子论的发展做出了重大贡献的物理学家之一。

狄拉克最初于 1928 年成功地将薛定谔方程式引入相对论中。薛定谔方程式中分别引入时间和空间，而根据当时的爱因斯坦相对论（狭义相对论），时间和空间应该使用"时空"这一统一的组合来进行考虑。针对这一点，狄拉克将薛定谔方程式中的时间和空间进行了整合，此后推出的方程式被人们称为"狄拉克方程式"。

用狄拉克方程式求电子的能量时，可以从数值上发现，电子的能量值为负值。可是，包括电子在内的一切物质的能量值一定为正值，依据人们的常识，不存在能量值为负值的物质。所以，大多数科学家直接无视负值，但是狄拉克却没有这样做，而是对其进行了慎重的重新思考。狄拉克经过研究提出了存在重大突破的"空穴理论"。根据空穴理论，我们所认为的真空状态，实际上应该是具有负能量的电子聚集在一起形成的"海洋"。如果在这片"海洋"中加入正能量，"海洋"中就会产生带有正能量的电子（也就是普通的电子），而之前电子所在的位置就会空出来形成空穴（孔），飞出来的电子会带走负电荷，剩下的空穴部分便可以发现带有正电荷的电子。

1932 年，美国物理学家卡尔·大卫·安德森（Carl David

Anderson，1905—1991 年）发现，从宇宙降落到地球上的具
有高能量的"宇宙线"中，存在着非常不可思议的粒子。这
种粒子在质量等上都与电子几乎一模一样，只有一点不同，
即这种粒子带有正电荷。也就是说，狄拉克预言的反电子
（由于带有正电荷，因此被称为**正电子**）真的被发现了。此
后，科学家又陆续发现了和通常粒子相反的反粒子（如带有
负电荷的负质子），电荷的极性用正负符号来表示。

　　反粒子的发现也为接下来将要介绍的场量子论的构筑做
出了第一步贡献。量子论认为，真空是粒子和反粒子在不断
生成、消灭的过程中产生的空间。基于这一观点，追求终极
微粒子的基本粒子物理学也发展了起来。

量子论的发展和未来

◆ 场量子论的诞生

　　介绍量子论世界的本书即将接近尾声。最后，我们介绍
一下量子论在 20 世纪 30 年代以后的发展情况（包括最新的
发展状况）。

　　之前我们介绍的量子论和量子力学，都是基于电子等微
观物质运动和状态的力学的理论。随着这一系列理论的构筑
完成，科学家开始使用量子论的思考方式，同时尝试在物理

学的其他领域中进行应用。

在物理学中，和力学并列的一大领域是电磁学。第一章在介绍电磁波的时候，我们曾经介绍过，电力和磁力进行运动的空间分别称为"电场"和"磁场"（27～28页）。电磁学就是研究电场或磁场等空间（称为"场"）的性质的学科。将量子论应用到场的研究中，即将量子论应用于空间的研究中而产生的学科，称为**"场量子论"**。曾经提出不确定性原理的海森堡，以及倡导泡利原理的泡利构筑了场量子论的框架。

在电磁学中，光之类的电磁波，被认为是电场和磁场振动（也就是波）的传导现象。但是，海森堡在说明了光电效应的基础上，认为光的本质应该是名为"光子（光量子）"的粒子。场量子论就是在此基础上发展出的理论。如果将空间分割成数量极多的、非常小的空间，空间就会像微观粒子的集合一样，而在这个空间中，量子论中的很多法则都可以通用。

这样一来，原本被认为在空间传导的电磁波，就会被认为是名为"光子"的粒子的集团。也就是说，电子的量子论（量子力学）发现了应该作为粒子的电子具有波的性质，而场量子论则认为作为波的光具有粒子的性质。

◆ 真空中的粒子和反粒子永不停止地生成和消亡

场量子论将空间进行极其微小的细分，并在此之上应用量子论的法则。

它极大地改变了我们一直以来对真空所持有的观点。真空并不是不存在任何物质的"无"的空间，在这一空间中，粒子和反粒子成对地、永不停止地重复着生成和消亡。

我们通常认为，真空是什么都没有的空间。真空中不仅没有空气，连任何物质也绝不存在，因此才被称为真空。但是，所谓的"什么都没有"，肯定地意味着能量的状态应该为零，而这与一切都不确定的量子论正好相反。也就是说，量子论中并不允许确定的状态存在。**量子论明确地阐明，在概念上或哲学上的"无、零"的概念，在物理上是不允许存在的。**

根据场量子论，真空绝不是什么都没有的空间，而是粒子和反粒子共同出现的空间。科学家将其称为粒子和反粒子的成对生成。但是，成对出现的粒子和反粒子却并不能长时间存在，它们会迅速结合并消失。这一现象称为"**成对消失**"。这样一来，真空中无数的粒子和反粒子不断重复着成对生成和成对消失的状态，这一状态称为"**真空的起伏不定状态**"，即真空并非完全"无"的空间，而是粒子和反粒子存在的起伏不定的"有"的空间。

科学家通过实验确定，真空中的确会生成粒子和反粒子，真空中产生大量的能量，集合在一起强制地引起成对生成作用，从而使粒子和反粒子成对地被从真空中"驱赶出来"。

真空的起伏不定状态

成对生成	成对消失
粒子　反粒子	
真空中的粒子和反粒子成对出现	粒子和反粒子迅速结合并且消失

起伏不定

◆ 基本粒子物理学的诞生和发展

场量子论还认为电子和光（光子）可以被看作粒子，即可以放到同样的框架中进行理解。在第二章中我们曾经提到过，电子等带电的粒子在进行旋转运动时，粒子会释放出光并且失去能量。如果将光看作粒子的光子，这个现象就可以理解为电子产生光子，即微观粒子在各种各样的作用下，会突然生成或者突然消失。结合前面提到过的"粒子和反粒子的成对生成、成对消失"以及"真空的起伏不定状态"等概念，这种思维方式促进了基本粒子物理学的发展。基本粒子物理学认为，构成物质的各种微观的微粒子（基本粒子），是在空间（场）的状态变化过程中生成或消失的。**基本粒子是构成物质最基本的粒子，其状态并不是一成不变的，而是不断生成或消失，或者变形为其他的粒子。**它再次证实了，将自然的本质看作不确定性、不稳定的量子论，揭示了大自然的真正面貌。

日本的汤川秀树（1907—1981年）预言的"介子"的存在后来被证实了，这在基本粒子物理学的发展上迈出了值得纪念的第一步。汤川博士认为，保证原子核中的质子和中子紧密结合在一起的力量，是由于质子和中子之间的一种名为"介子"的位置粒子而产生的。1934年，他从不确定性原理等条件出发，计算出这一未知的粒子的质量大约是电子的200倍。

在3年后的1937年，发现反电子的安德森（175页）在宇宙射线中发现了一种质量大约是电子200倍的新粒子，也让汤川博士的名字和日本物理学的实力被整个世界所广泛认识。但后来经过确认，这种粒子并非汤川博士所说的介子，而是另外一种粒子，真正的介子是在1947年被发现的。

促进日本基本粒子物理学发展的两位物理学家

汤川秀树　　　　　　朝永振一郎

这两位物理学家曾经是高中和大学（京都大学）的同学，他们因为促进了日本基本粒子物理学的发展，所以都获得了诺贝尔物理学奖

◆ 朝永博士和量子电磁力学

　　提到汤川博士，就不能不提到另一位促进了日本基本粒子物理学发展的科学巨人朝永振一郎（1906—1979 年）的伟大功绩。

　　汤川博士由于预言了介子的存在，于 1949 年获得了诺贝尔物理学奖。日本人第一次获得诺贝尔物理学奖的消息，对当时在第二次世界大战中战败的日本国民产生了巨大的鼓舞。而朝永博士则与提出通过双狭缝电子的思考实验的物理学家费曼，以及美国物理学家施温格，共同获得了 1965 年度的诺贝尔物理学奖。

　　他们的获奖理由是在量子电磁力学的基础研究方面做出

了贡献。前面我们曾经介绍过，将量子论运用到电磁学中的尝试，是在场量子论获得发展的基础上展开的，当时处于基本完成的状态。但是，当时的理论存在一个缺陷，即如果计算电子和光子的相互作用，得到的结果是电子的质量和能量趋于无限大。针对这一问题，3 位物理学家认为，实验结果中得到的电子的质量和电荷（电量）是光子在释放和吸收的过程中产生的，这和未与光子发生作用的本来的电子（称为"裸电子"）的质量和电荷的数值不同。此外，3 位物理学家还独立提出了**重正化理论**，这一理论改变了一直以来使用的裸电子的质量和电荷的理论值，只要带入实测值就可以有效回避所产生的问题。

3 位物理学家以重正化理论为基础，在量子电磁力学方面取得了多项成果。但是，将电子的实测值代入的重正化理论并不能成为真正的解决方法，被认为是一种暂时的理论，并没有最终的定论。

◆ 量子宇宙论的发展

揭示了微观世界面貌的量子论，在解答微观世界的反面——浩瀚宇宙的谜题的过程中，也给出了重要的答案。这个谜题是：宇宙是如何产生，如何成长的？

宇宙是在距今 140 亿年前，由于被称作"BigBang"的宇宙大爆炸发生，并持续膨胀，最终形成了今天的浩瀚宇宙。这是大爆炸理论的主要观点。科学家观测到整个银河系距离地球越来越远，这为宇宙膨胀理论提供了证据。

而宇宙在炙热状态下残留的热量的电波也被发现……由于这些发现，大爆炸理论越来越多地被物理学家所接受。为了研究初期宇宙，即宇宙处于极小状态时的样子，有必要使用揭示微观世界基本原理的量子论。

例如，**宇宙膨胀说**认为，真空中具有的能量，带来了初期宇宙的急速膨胀和大爆炸（这一理论的提倡者之一，就是本书的作者）。这一理论就是基于量子论中的真空是能量的起伏不定状态产生的。此外，乌克兰的物理学家维兰金利用量子隧穿效果理论，巧妙地提出了宇宙是从无产生的，即**宇宙从无创造论**。就在几乎同一时期，英国的物理学家霍金则认为，如果将宇宙看作从虚时间中产生的，那么就可以避开宇宙起源于奇点（温度和密度无限大的极其微小的一点，在这里所有的物理法则都不起作用）的问题，即**无边界假说**。虚时间是在量子隧穿现象的计算基础上，使用的想象的时间这一非常便利的思考方式，而霍金则坚信虚时间的存在。

基于量子论思考宇宙起源的理论，称为**量子宇宙论**。在量子宇宙论中，还残留着很多理论上未完成的部分。例如，持宇宙膨胀说理论的人为了能够更清晰地说明实际的宇宙观测结果，高度地评价了量子宇宙论的正当性。因此，在今后探索宇宙历史的过程中，量子宇宙论也一定会起到非常重要的作用。

逼近宇宙诞生的量子论

初期的宇宙以无法想象的速度完成了急速膨胀

佐藤胜彦

霍金

我认为宇宙是由于虚时间产生的，这一理论可以很好地说明宇宙的产生

虚时间

在量子论联系宇宙论、天文学领域，霍金还提出了"黑洞蒸发理论"等非常有趣的理论

◆ **量子论和相对论的融合尝试**

在量子论的发展过程中，最大的悬而未决的事项，就是量子论和相对论之间的融合。这两个理论可谓推动 20 世纪科学发展的两个车轮，但是它们之间的属性却有着令人不可思议的不相容性。

  在 174 页，我们提到狄拉克曾经尝试将量子论引入相对论之中的话题，而这只针对于相对论中的狭义相对论。除此之外，相对论还包括广义相对论。它是在狭义相对论的基础上引入"重力"概念而形成的。因此，将量子论和广义相对论整合在一起的理论就称为"量子重力理论"。

  尽管很多人为此做了很多工作，但是量子重力理论仍处于尚未完成的状态。如果量子论和广义相对论同时成立，在理论上就会出现矛盾。矛盾的其中之一，就是"概率保存"这一点。在量子论中，物质的状态并不确定，呈现概率存在的特征。例如，电子具体的位置不能确定，在这里的概率为30%、在那里的概率为20%……而全部的概率为100%。这就称为"概率保存"。但是，如果将量子论引入到广义相对论中，全部的概率加起来只有90%，如果想要避免这种情况，就需要引入复数的概率。

  爱因斯坦终生反对量子论，对于量子论和相对论之间的水火不容应该也会感到无奈吧？但是，这两种理论都是揭示大自然真理的理论，二者之间又怎么会不能和平共存呢？

  量子重力理论在物理学的"大统一理论"构建中起着非常重要的作用。所谓的"大统一理论"，指的是用一种统一的法则来解释自然界各种各样的现象，也是物理学界的终极目标之一。虽然我们尚不知道量子重力理论和"大统一理论"

什么时候能够最终完成，但是为了达到这个目标，一定需要革命性的全新的理论出现才行。

◆ 量子计算机能否实现？

说到量子论在使用方面最前端的话题，一定非量子计算机和量子密码这两方面莫属了。下面我们就对此进行具体的介绍。

现代的计算机（冯·诺依曼型计算机，见149页）将所有的信息都转化成二进制编码进行计算和处理。二进制编码是用"0"和"1"表示的数字，计算机在表示这两个数字时，如果有电则识别为"1"，没有电则识别为"0"。

与此相反，量子计算机则使用了量子论中的重合原理，能够完成传统计算机不能完成的并行处理。和传统计算机只能判断"0"和"1"两个种类不同，量子计算机可以处理"0"和"1"的重合状态（即"0"和"1"的中间状态），针对相应的信息进行计算，就可以一次性处理大量信息。

提出量子计算机概念的人是英国的物理学家大卫·杜斯（David Deutsch），他认为："如果使用量子计算机进行并行处理，就可以同时在并行存在的复数的世界中进行计算。也就是说，如果量子计算机能够完成，就能够找到多世界诠释的证据。"但是，对他的理论存疑的科学家也不在少数。

实际上，量子计算机的概念还达不到能够帮助我们轻松理解多世界诠释的程度。当然，只有使用多世界诠释正确解释量子论，量子计算机的概念才能更容易地被理解，但相反的情况也有可能存在。

此外，量子计算机目前仍处于基础零件研发的阶段，想要达到能够实用的完成状态，还需要相当长的一段时间。但如果能够实现，量子计算机就会具备超乎人们想象的能力，成为绝对梦幻的计算机。

◆ 终极的保障——量子密码

量子计算机高超能力的其中之一就是素因数分解。所谓"素因数分解"，是指将数字分解成素数（1和1以外无法被整除的数）的积。例如，将851进行素因数分解，可以分解为23×37，23×37=851，谁都能很快地计算出来。可是如果按传统方法将851进行素因数分解，就需要从1开始一直到851一个一个做除法，而且没有更快捷的方法。

对于安全管理至关重要的现代社会来说，有一种更加难以破解的密码：公开密匙方式。信息的接收者持有几个由素数组成的密码，将其相乘的结果进行公开，为了能够读取信息，必须持有最初的素数。这就需要对大量的数字进行素因数分解，这项操作需要超级计算机花费几千年的时间进行运算。

但是，如果使用可以进行并行处理的量子计算机，现在使用的安保系统就会失去其效力。为了应对这一问题，就需要使用量子论编制量子密码。也就是说，既然量子论打破了一直以来的安全系统，就需要再使用量子论来编制新的密码。

量子密码的基本原理，是利用了微观世界的物质"由于观测状态会发生改变"的概念。量子密码使用重合的状态传送信息，如果有人想要窃取信息，这一行为就会使重合状态遭到破坏。也就是说，"有人偷看"的痕迹一旦留下，就再也无法消除。这样一来就能够确认到底是否有人企图盗取信息。因此，量子密码也被认为是终极的安全保障方式。

和量子计算机相比，量子密码更快一步投入到实用阶段的研究中。相信在不远的将来，我们的周围一定会出现全新的量子论的成果。

◆ 21 世纪的革命性理论会是什么？

看到这里，各位读者在领略了量子论不可思议的世界之后，究竟做何感想呢？

"嗯，好像有些明白，又好像搞不明白……说到底还是没法搞个一清二楚！"不知道大家会不会发出这样的感叹呢？

不过，即便这样也并非一件坏事。玻尔针对量子论曾经发表过这样的言论：

"不被量子论震惊到的人，绝对是不理解量子论的人！"

也就是说，读完本书感到脑子里一片混乱的各位读者，事实上是对量子论有了一定了解的人。此外，让我们重新回顾一下序章中提到过的费曼的话：**"能够应用量子论的人不在少数，但是真正理解量子论的人却一个都没有！"**

看来，想要更加深入地理解量子论，可能是谁都办不到的事情，所以大家应该为此感到安心。

在这里，我们需要再度重申，量子论揭示的物质观和自然观非常奇妙，令人感到不可思议。但是，尽管我们不能理解，尽管它与我们的常识相违背，真理却包含在其中。由于科学的力量，我们接触到了单凭人类的五官所无法接触到的大自然真实的面貌，而大自然中还隐藏着各种各样的秘密。对于这些秘密，人类究竟能否了解，即便能够了解，又将在何时了解，站在今天的角度，没有人能够说得清楚。

不过，有一个事实是可以确定的，那就是继产生了量子论和相对论的 20 世纪之后，21 世纪也必定会是一个充满了惊奇的世纪。当然，在生命科学等很多不同的领域，也可能有人会揭开大自然的神秘面纱。想要探究大自然的真理，就需要保有一颗纯粹的好奇心，需要和平的时代作为背景。在这样的条件下，人类会不断地追求真理。在这个过程中，不断询问自己，人类到底是什么？人类在自然中到底占据着什么样的位置？也许在某一时刻，我们在第四章最后提到过的量子论和一元论的关系等，还会被集中放大关注。

那么，在充满了惊奇的 21 世纪，又会产生哪些革命性的理论呢？也许它们也会像量子论和相对论一样，在一些默默无闻的年轻的头脑中、在书桌上（或是计算机里）完成。光是想象这样的可能性，就足以让人感到心潮澎湃！

图书在版编目（CIP）数据

有趣的让人睡不着的量子论 ／（日）佐藤胜彦编著；
孙羽译. -- 北京：人民邮电出版社，2016.5（2024.1重印）
（科学新悦读文丛）
ISBN 978-7-115-41431-1

Ⅰ. ①有… Ⅱ. ①佐… ②孙… Ⅲ. ①量子论－普及
读物 Ⅳ. ①O413-49

中国版本图书馆CIP数据核字(2016)第029129号

◆ 编　著　[日] 佐藤胜彦
　　译　　　孙　羽
　　责任编辑　王朝辉
　　执行编辑　杜海岳
　　责任印制　彭志环
◆ 人民邮电出版社出版发行　　北京市丰台区成寿寺路 11 号
　　邮编　100164　电子邮件　315@ptpress.com.cn
　　网址　https://www.ptpress.com.cn
　　涿州市般润文化传播有限公司印刷
◆ 开本：880×1230　1/32
　　印张：6.375　　　　　　2016 年 5 月第 1 版
　　字数：105 千字　　　　2024 年 1 月河北第 19 次印刷
　　著作权合同登记号　　图字：01-2015-4182 号
　　　　　　　　定价：29.00 元
读者服务热线：(010)81055410　印装质量热线：(010)81055316
　　　　　　反盗版热线：(010)81055315
　　广告经营许可证：京东市监广登字 20170147 号